11-024 职业技能鉴定指导书

职业标准·试题

U0748636

水泵值班员

（第二版）

电力行业职业技能鉴定指导中心　编

电力工程　汽轮机运行与检修专业

中国电力出版社
CHINA ELECTRIC POWER PRESS

内 容 提 要

　　本《指导书》是按照劳动和社会保障部制定国家职业标准的要求编写的，其内容主要由职业概况、职业培训、职业技能鉴定和鉴定试题库四部分组成，分别对技术等级、工作环境和职业能力特征进行了定性描述；对培训期限、教师、场地设备及培训计划大纲进行了指导性规定。本《指导书》自1999年出版后，对行业内职业技能培训和鉴定工作起到了积极的作用，本书在原《指导书》的基础上进行了修编，补充了内容，修正了错误。

　　试题库是根据《中华人民共和国国家职业标准》和针对本职业(工种)的工作特点，选编了具有典型性、代表性的理论知识（含技能笔试）试题和技能操作试题，还编制有试卷样例和组卷方案。

　　《指导书》是职业技能培训和技能鉴定考核命题的依据，可供劳动人事管理人员、职业技能培训及考评人员使用，亦可供电力（水电）类职业技术学校和企业职业学习参考。

图书在版编目（CIP）数据

　　水泵值班员:11-024 / 电力行业职业技能鉴定指导中心编. —2版. —北京：中国电力出版社，2010.6（2021.11重印）

　　（职业技能鉴定指导书. 职业标准试题库）

　　ISBN 978-7-5123-0244-0

　　Ⅰ. ①水… Ⅱ. ①电… Ⅲ. ①火电厂–锅炉给水泵–职业技能鉴定–习题 Ⅳ. ①TM621.2–44

　　中国版本图书馆CIP数据核字（2010）第051606号

中国电力出版社出版、发行

（北京市东城区北京站西街19号　100005　http://www.cepp.sgcc.com.cn）

北京雁林吉兆印刷有限公司印刷

各地新华书店经售

*

2002年4月第一版

2010年6月第二版　　2021年11月北京第九次印刷

850毫米×1168毫米　32开本　9印张　229千字

印数17001—18000册　　定价**38.00**元

电力职业技能鉴定题库建设工作委员会

主　任　徐玉华

副主任　方国元　　王新新　　史瑞家　　杨俊平

　　　　　陈乃灼　　江炳思　　李治明　　李燕明

　　　　　程加新

办公室　石宝胜　　徐纯毅

委　员（按姓氏笔画为序）

　　　　　马建军　　马振华　　马海福　　王　玉

　　　　　王中奥　　王向阳　　王应永　　丘佛田

　　　　　吕光全　　朱兴林　　刘树林　　许佐龙

　　　　　李　杰　　李生权　　李宝英　　杨　威

　　　　　杨文林　　杨好忠　　杨耀福　　吴剑鸣

　　　　　张　平　　张龙钦　　张彩芳　　陈国宏

　　　　　季　安　　金昌榕　　南昌毅　　倪　春

　　　　　徐　林　　奚　珣　　高　琦　　高应云

　　　　　章国顺　　谌家良　　董双武　　景　敏

　　　　　焦银凯　　路俊海　　熊国强

说　明

为适应开展电力职业技能培训和实施技能鉴定工作的需要，按照劳动和社会保障部关于制定国家职业标准，加强职业培训教材建设和技能鉴定试题库建设的要求，电力行业职业技能鉴定指导中心统一组织编写了电力职业技能鉴定指导书（以下简称《指导书》）。

《指导书》以电力行业特有工种目录各自成册，于1999年陆续出版发行。

《指导书》的出版是一项系统工程，对行业内开展技能培训和鉴定工作起到了积极作用。由于当时历史条件和编写力量所限，《指导书》中的内容已不能适应目前培训和鉴定工作的新要求，因此，电力行业职业技能鉴定指导中心决定对《指导书》进行全面修编，在各网省电力（电网）公司、发电集团和水电工程单位的大力支持下，补充内容，修正错误，使之体现时代特色和要求。

《指导书》主要由职业概况、职业技能培训、职业技能鉴定和鉴定试题库四部分内容组成。其中，职业概况包括职业名称、职业定义、职业道德、文化程度、职业等级、职业环境条件、职业能力特征等内容；职业技能培训包括对不同等级的培训期限要求，对培训指导教师的经历、任职条件、资格要求，对培训场地设备条件的要求和培训计划大纲、培训重点、难点以及对学习单元的设计等；职业技能鉴定的依据是《中华人民共和国国家职业标准》，其具体内容不再在本书中重复；鉴定试题库是根据《中华人民共和国国家职业标准》所规定的范围和内容，以实际技能操作为主线，按照选择题、判断题、简答题、计算题、绘图题和论述题六种题型进行选题，并以难易程度组合排列，同时汇集了大量电力生产建设过程中具有普遍代表性和典型性的实际操作试题，构成了各工种的技能鉴定试题库。试题库的深度、广度涵盖了本职业技能鉴定的全部内容。题库之后还附有试卷样例和组卷方案，为实施鉴定命题提供依据。

《指导书》力图实现以下几项功能：劳动人事管理人员可根据《指导书》进行职业介绍，就业咨询服务；培训教学人员可按照《指导书》中的培训大纲组织教学；学员和职工可根据《指导书》要求，制订自学计划，确立发展目标，走自学成才之路。《指导书》对加强职工队伍培养，提高队伍素质，保证职业技能鉴定质量将起到重要作用。

本次修编的《指导书》仍会有不足之处，敬请各使用单位和有关人员及时提出宝贵意见。

电力行业职业技能鉴定指导中心
2008 年 6 月

目　录

1 职业概况

1.1 职业名称

水泵值班员（11—024）。

1.2 职业定义

操作、监视、控制水泵运行的人员。

1.3 职业道德

热爱本职工作，刻苦钻研技术，遵守劳动纪律，爱护工具、设备，安全文明生产，诚实团结协作，艰苦朴素，尊师爱徒。

1.4 文化程度

中等职业技术学校毕（结）业。

1.5 职业等级

本职业按照国家职业资格的规定，设为初级（国家五级）、中级（国家四级）、高级（国家三级）三个技术等级。

1.6 职业环境条件

室内作业。部分季节设备巡视检查、现场就地操作时需高温作业和有一定噪声及粉尘。

1.7 职业能力特征

本职业应具有领会、理解和应用技术文件的能力，应具有用眼看、耳听、鼻嗅分析判断水泵运行异常情况，并正确、及时处理故障的能力，具有能用精练的语言进行联系、交流工作的能力，具有准确而有目的运用数字进行运算的能力，具有思维想象几何形体及识绘图能力。

2 职业技能培训

2.1 培训期限

2.1.1 初级工：累计不少于 500 标准学时。

2.1.2 中级工：在取得初级职业资格的基础上累计不少于 400 标准学时。

2.1.3 高级工：在取得中级职业资格的基础上累计不少于 400 标准学时。

2.2 培训教师资格

具有中级以上专业技术职称的工程技术人员和技师可担任初、中、高级工培训教师。

2.3 培训场地设备

2.3.1 具备本职业（工种）理论基础知识培训的教室和教学设备。

2.3.2 具有基本技能训练的实习场所及实际操作训练设备。

2.3.3 仿真机、模拟机、虚拟仿真机。

2.4 培训项目

2.4.1 培训目的：通过培训达到《职业技能鉴定规范》对本职业的知识和技能要求。

2.4.2 培训方式：以自学和脱产相结合的方式，进行基础知识讲课和技能训练。

2.4.3 培训重点：

（1）水泵规范及运行规程。包括给水泵、循环水泵、凝结水泵、深井泵、离心式水（油）泵、水泵系统运行等方面的规定。

（2）运行操作。包括启动、停用、试验、运行维护等。

（3）事故分析、判断和处理。

2.5 培训大纲

本职业技能培训大纲，以模块组合（MES）—模块（MU）—学习单元（LE）的结构模式进行编写，培训大纲见表1，职业技能模块及学习单元对照选择见表2，学习单元名称见表3。

表 1 水泵值班员培训大纲

模块序号及名称	单元序号及名称	学习目标	学习内容	学习方式	参考学时
MU1 电力职业道德	LE1 水泵值班员职业道德	通过本单元学习，掌握水泵值班员职业道德规范，能自觉遵守行为规范的准则	1. 热爱祖国，热爱本职工作 2. 刻苦学习，钻研技术 3. 爱护设备、工具 4. 团结协作 5. 遵守纪律、安全文明 6. 尊师爱徒、严守岗位职责	自学	6
MU2 给水泵运行	LE2 给水泵启动前的准备检查工作	通过本单元学习，掌握给水泵启动前准备工作和检查系统是否在启动位置	1. 启动前的准备 2. 检查系统 3. 暖泵及油循环 4. 给水泵启动前试验	讲课或自学	10
	LE3 给水泵启动操作	通过本单元学习，掌握给水泵启动操作及启动后的调整	1. 定速给水泵启动操作 2. 调速给水泵启动操作 3. 汽动给水泵启动操作 4. 给水泵启动后的检查和调整	讲课或自学	30

模块序号及名称	单元序号及名称	学习目标	学习内容	学习方式	参考学时
MU2 给水泵运行	LE4 给水泵停止操作	通过本单元学习，掌握给水泵停运操作步骤和停止后的工作	1. 停运前的准备工作 2. 定速给水泵停止操作 3. 调速给水泵停止操作 4. 汽动给水泵停止操作 5. 给水泵停止后的工作和注意事项	讲课或自学	20
	LE5 给水泵正常维护	通过本单元学习，掌握正确执行规程，检查、监视、调整给水泵运行参数，确保安全经济	1. 给水泵运行中的日常检查维护工作 2. 给水泵运行中定期保护试验 3. 给水泵运行中的参数监视、调整	讲课或自学	20
	LE6 给水泵正常切换操作	通过本单元学习，掌握运行泵故障时切换备用泵投入运行	1. 电动给水泵切换操作 2. 汽动给水泵切换操作 3. 切换停泵后的注意事项	讲课或自学	10
MU3 给水泵常见故障处理	LE7 给水泵故障原因分析及处理	通过本单元学习，掌握给水泵故障象征、原因分析及处理，保证锅炉不断水	1. 事故处理原则 2. 紧急停泵的规范和操作步骤 3. 先投入备用泵、后停用故障泵的故障处理规定 4. 给水泵汽化象征、原因分析及处理 5. 给水压力异常变化象征、原因分析及处理 6. 轴承工作不正常、轴承发热原因分析和处理 7. 电动机电流增大超过额定值原因分析和处理 8. 水泵和电动机振动的原因分析和处理 9. 厂用电中断象征、原因分析和处理	讲课	30

模块序号及名称	单元序号及名称	学习目标	学习内容	学习方式	参考学时
MU4 循环水泵运行	LE8 循环水泵启动、停止和运行	通过本单元学习,掌握循环水泵的启动、停止、运行维护、试验操作	1. 循环水泵启动前的准备工作 2. 循环水泵闭阀启动和开阀启动操作 3. 循环水泵正常停用操作 4. 循环水泵故障停用操作 5. 循环水泵运行检查、维护工作 6. 循环水泵互为连动试验 7. 循环水泵出口蝶阀联动试验	讲课或自学	20
	LE9 循环水泵常见故障原因分析及处理	通过本单元学习,掌握循环水泵常见故障原因及处理,确保凝汽器正常工作	1. 事故处理一般原则和紧急停泵操作步骤 2. 循环水泵不能启动的原因分析、检查及处理 3. 循环水泵出力不足的原因分析及处理 4. 循环水泵打空的象征及处理操作 5. 循环水泵跳闸象征及处理操作	讲课或自学	20
MU5 凝结水泵运行	LE10 凝结水泵启动、停止和运行	通过本单元学习,掌握凝结水泵的启动、停止和运行维护操作	1. 凝结水泵启动前的检查 2. 凝结水泵启动操作和启动后检查及热井水位调节 3. 凝结水泵正常停用操作 4. 凝结水泵故障停用操作 5. 凝结水泵运行维护工作	讲课或自学	30

模块序号及名称	单元序号及名称	学习目标	学习内容	学习方式	参考学时
MU6 深井泵运行	**LE11** 深井泵启动、停止和运行	通过本单元学习，掌握深井泵的启动、停止和运行维护操作	1. 启动前轴向间隙调整 2. 启动前深井泵预润操作 3. 首次启动前的检查操作 4. 深井泵启动操作 5. 深井泵停用操作 6. 深井泵维护工作	讲课或自学	20
MU7 离心式水（油）泵运行	**LE12** 离心式水（油）泵启动、停止和运行	通过本单元学习，掌握离心式水泵（包括疏水泵、水冷泵、射水泵、燃油泵、灰渣泵、软水泵等等）的启动、停止、运行维护和试验操作	1. 离心式水泵启动前准备工作和检查、调整工作 2. 离心式水泵启动前的联动试验、紧急停用试验 3. 离心式水泵启动操作及启动过程中检查、操作 4. 离心式水泵运行监视、维护、调整操作 5. 离心式水泵停用操作和停止后工作	讲课或自学	30
MU8 离心式水泵故障处理	**LE13** 离心式水泵故障象征、原因和处理	通过本单元学习，掌握离心式水泵不正常现象、原因及处理，以保证机组安全、经济运行	1. 水泵不能启动的原因及处理 2. 水泵启动时不出水的原因及处理 3. 水泵出力不足的原因及处理 4. 水泵超负荷（电动机电流过大）原因及处理 5. 水泵异常振动和噪声原因及处理 6. 轴承发热原因及处理 7. 水泵外壳发热原因及处理 8. 盘根发热原因及处理 9. 运行中水泵跳闸的原因及处理 10. 电动机运行异常处理 11.电动机着火处理	讲课或自学	30

7

模块序号及名称	单元序号及名称	学习目标	学习内容	学习方式	参考学时
MU9 厂用电系统	LE14 水（油）泵厂用电系统	通过本模块的学习后，了解厂用电负荷分配与水泵启、停操作应注意的事项	1. 厂用变压器布置 2.6kV、400V电源柜分布 3. 厂用电动机启、停次数的规定	讲课	8
MU10 安全生产	LE15 安全基础知识	通过本单元学习，了解"预防为主"的安全生产方针，能采取有效的防范措施，确保安全	1. "安全第一"方针的重要意义 2. 安全生产的法制教育 3. 烫伤、挫伤处理 4. 触电急救的方法	讲课或自学	10
	LE16 电业安全工作规程	通过本单元学习，掌握安全操作，杜绝人身和设备事故	1. 安全的组织措施 2. 安全的技术措施 3. 安全责任制 4. 安全用具 5. 安全活动日	讲课或自学	10
	LE17 电力生产事故调查规程	通过本单元学习，对事故调查分析和统计有一个全面的了解	1. 电力事故的确认 2. 事故性质的确认	讲课或自学	8
MU11 电力行业规程标准	LE18 各专业运行规范	通过本单元学习后，掌握电力行业标准中有关辅机运行内容，结合本岗位实际确保安全运行	1. 汽轮机运行规程辅机部分 2. 锅炉运行规程辅机部分 3. 化学运行规程水泵部分 4. 燃料运行规程水（油）泵部分 5. 其他规程中水泵运行部分 6. 发电厂厂用电动机、电力变压器运行规程	讲课或自学	10

模块序号及名称	单元序号及名称	学习目标	学习内容	学习方式	参考学时
MU12 运行管理	LE19 设备管理	通过本单元学习，了解设备管理内容，能管理好本岗位运行设备	1. 设备管理内容 2. 设备巡视 3. 设备验收 4. 设备缺陷 5. 日常检查与维护 6. 设备评级	讲课	8
	LE20 技术管理	通过本单元学习，了解技术管理内容，能把技术管理做好	1. 技术管理内容 2. 具备的技术资料 3. 技术培训档案	讲课	8
	LE21 日常管理	通过本单元学习，了解正确管理内容，对文明安全生产起促进作用	1. 工作票、操作票管理制度 2. 交接班制度 3. 巡视检查制度 4. 设备定期试验和轮换制度	讲课	8
	LE22 班组管理	通过本单元学习，了解班组技术管理任务、标准和制度，做好基础工作	1. 班组技术管理任务 2. 班组管理标准 3. 班组技术管理制度	讲课	8

表2　　　　　　职业技能模块及学习单元对照选择表

模块		MU1	MU2	MU3	MU4	MU5	MU6	MU7	MU8	MU9	MU10	MU11	MU12
内容		电力职业道德	给水泵运行	给水泵常见故障处理	循环水泵运行	凝结水泵运行	深井泵运行	离心式水（油）泵运行	离心式水泵故障处理	厂用电系统	安全生产	电力行业规程标准	运行管理
参考学时		6	90	30	40	30	20	30	30	8	28	10	32
适用等级		初级中级高级	初级中级高级	初级中级高级	初级中级高级	初级中级	初级中级	初级中级	初级中级高级	初级中级高级	初级中级高级	初级中级高级	中级高级
学习单元LE序号选择	初	1	2，3，4，5，6	7	8，9	10	11	12	13	14	15，16，17	18	
	中	1	2，3，4，5，6	7	8，9	10	11	12	13	14	15，16，17	18	19，20，21，22
	高	1	2，3，4，5，6	7	8，9				13	14	15，16，17	18	19，20，21，22

表3　　　　　　　　　　　学习单元名称表

单元序号	单元名称	单元序号	单元名称
LE1	水泵值班员职业道德	LE12	离心泵水（油）泵启动、停止和运行
LE2	给水泵启动前的准备检查工作	LE13	离心式水泵故障象征、原因和处理
LE3	给水泵启动操作	LE14	水（油）泵厂用电系统
LE4	给水泵停止操作	LE15	安全基础知识
LE5	给水泵正常维护	LE16	电业安全工作规程
LE6	给水泵正常切换操作	LE17	电力生产事故调查规程
LE7	给水泵故障原因分析及处理	LE18	各专业运行规范
LE8	循环水泵启动、停止和运行	LE19	设备管理
LE9	循环水泵常见故障原因分析及处理	LE20	技术管理
LE10	凝结水泵启动、停止和运行	LE21	日常管理
LE11	深井泵启动、停止和运行	LE22	班组管理

3 职业技能鉴定

3.1 鉴定要求

鉴定内容和考核双向细目表按照本职业（工种）《中华人民共和国职业技能鉴定规范·电力行业》执行。

3.2 考评人员

考评人员分考评员和高级考评员。考评员可承担初、中、高级技能等级鉴定；高级考评员可承担初、中、高级技能等级考评。其任职条件是：

3.2.1 考评员必须具有高级工、技师或者中级专业技术职务以上的资格，具有 15 年以上本工种专业工龄；高级考评员必须具有高级专业技术职务，取得考评员资格并具有 1 年以上实际考评工作经历。

3.2.2 掌握必要的职业技能鉴定理论、技术和方法，熟悉职业技能鉴定的有关法规和政策，有从事职业技术培训、考核的经历。

3.2.3 具有良好的职业道德，秉公办事，自觉遵守职业技能鉴定考评人员守则和有关规章制度。

CPSI

鉴定试题库

4

4.1 理论知识（含技能笔试）试题

4.1.1 选择题

下列每题都有 4 个答案，其中只有一个正确答案，将正确答案填在括号内。

La5A1001 当容器内工质压力大于大气压力时，工质处于（**A**）。

（A）正压状态；（B）负压状态；（C）标准状态；（D）临界状态。

La5A1002 绝对温标 0K 是摄氏温标的（**C**）℃。

（A）100；（B）–100；（C）–273.15；（D）0。

La5A1003 沿程水头损失随水流的流程增长而（**A**）。

（A）增大；（B）减少；（C）不变；（D）不确定。

La5A1004 在工程热力学中基本状态参数为压力、温度和（**D**）。

（A）内能；（B）焓；（C）熵；（D）比体积。

La5A2005 沸腾时气体和液体同时存在，气体和液体的温度（**A**）。

（A）相等；（B）不相等；（C）气体温度大于液体温度；

（D）气体温度小于液体温度。

La5A2006 已知介质的压力 p 和温度 t，在该压力下，当温度 t 小于介质饱和时的温度 t_1 时，介质所处的状态是（**A**）。

（A）未饱和水；（B）饱和水；（C）过热蒸汽；（D）湿蒸汽。

La5A2007 恒定流在流动过程中总能量是沿程（**C**）的。
（A）增加；（B）减少；（C）不变；（D）不一定。

La5A2008 同一种液体，强迫对流换热比自由对流换热（**A**）。
（A）强烈；（B）不强烈；（C）相等；（D）小。

La5A2009 水在水泵中压缩升压可看作是（**B**）。
（A）等温过程；（B）绝热过程；（C）等压过程；（D）等容过程。

La5A2010 在管道中液体的（**C**）突然改变，引起管内的压强剧烈波动，并在管内传播，使管道产生剧烈振动并拌有锤击声。
（A）温度；（B）流通截面；（C）运动状态；（D）黏滞性。

La5A2011 凝汽器内蒸汽的凝结过程可以看作是（**B**）。
（A）等容过程；（B）等压过程；（C）等焓过程；（D）绝热过程。

La5A3012 已知介质压力 p 和温度 t，在该温度下，当介质压力 p 小于介质饱和时的压力 p_1 时，介质所处的状态是（**D**）。

（A）未饱和水；（B）湿蒸汽；（C）干蒸汽；（D）过热蒸汽。

La5A3013 单位正电荷由高电位移向低电位时，电场对它所做的功为（A）。

（A）电压；（B）电位；（C）电量；（D）电功率。

La5A3014 已知介质的压力 p 和温度 t，在该压力下，当 t 大于介质饱和时的温度时，介质所处的状态是（D）。

（A）未饱和水；（B）湿蒸汽；（C）干蒸汽；（D）过热蒸汽。

La5A3015 标准状态是（B）。

（A）工质温度是绝对零度，压力是 1 物理大气压；（B）工质温度是摄氏零度，压力是 1 物理大气压；（C）工质温度是摄氏零度，压力是 1 工程大气压；（D）工质温度是绝对零度，压力是 1 标准大气压。

La4A1016 焓是工质在某一状态下所具有的总能量，用符号（B）表示。

（A）s；（B）h；（C）u；（D）q。

La4A1017 交流电完成一次循环所需要的时间称为（B）。

（A）频率；（B）周率；（C）速率；（D）正弦曲线。

La4A1018 水在锅炉中的加热过程可以看作是（C）过程。

（A）等容；（B）等焓；（C）等压；（D）绝热。

La4A2019 引起流体流动时能量损失的主要原因是流动流体的（D）性。

（A）压缩；（B）膨胀；（C）运动；（D）黏滞。

La4A2020 从理论上分析，循环热效率最高的是（**B**）。

（A）朗肯循环；（B）卡诺循环；（C）回热循环；（D）再热循环。

La4A2021 把饱和水加热到变为干饱和蒸汽的过程中，所加入的热量称为（**B**）。

（A）过热热；（B）汽化热；（C）液体热；（D）气体热。

La4A2022 材料或构件承受外力时，抵抗塑性变形或破坏的能力称为（**A**）。

（A）强度；（B）刚度；（C）韧性；（D）塑性。

La4A3023 在串联电路中每个电阻上流过的电流（**C**）。

（A）愈靠近电源正极的电阻电流愈大；（B）愈靠近电源负极的电阻电流愈大；（C）相等；（D）不相等。

La4A3024 并联电路中总电阻的倒数等于各分电阻的电阻（**A**）。

（A）倒数之和；（B）和；（C）差；（D）积。

La4A4025 判断液体流动状态的依据是（**A**）。

（A）雷诺数；（B）莫迪图；（C）尼古拉兹图；（D）勃拉休斯公式。

La4A4026 液体在管内的临界流速与液体的（**D**）成正比，与管道的内径成反比。

（A）压缩性；（B）膨胀性；（C）运动状态；（D）运动黏度。

La3A1027 同步发电机的转子绕组中（**A**）后，将产生磁场。

（A）通入直流电；（B）通入交流电；（C）感应产生电流；（D）感应产生电压。

La3A1028 发电厂用 **200kW** 及以上电动机接在（**A**）母线上。

（A）6kV；（B）35kV；（C）110kV；（D）380V。

La3A2029 一台三相异步电动机，已知额定功率为 **11kW**，额定电压为 **380V**，额定功率因数为 **0.8**，其额定电流为（**D**）**A**。

（A）50.3；（B）36.2；（C）28.9；（D）20.9。

La3A2030 随着压力的升高，饱和水与干饱和蒸汽的密度差将（**B**）。

（A）越来越大；（B）越来越小；（C）先增加后减小；（D）先减小后增加。

La3A2031 单位质量的理想流体在流动过程中，位能、（**B**）之和守恒。

（A）动能；（B）压力能和动能；（C）压力能；（D）内能和动能。

La3A3032 利用汽轮机抽汽加热给水的热力系统，称为（**D**）循环系统。

（A）中间再热；（B）卡诺循环；（C）朗肯循环；（D）给水回热循环。

La3A3033 由于构件截面尺寸突然变化引起应力（**B**）的现象，称为应力集中。

（A）局部减小；（B）局部增大；（C）局部消失；（D）局

部改变。

La3A4034　并联管路中各支路的能量损失（C）。
（A）管径大的损失小；（B）流速大的损失大；（C）各支路管路损失相等；（D）管路长的损失大。

La3A5035　弯管的局部损失主要包括（B）两部分。
（A）管壁摩擦损失和涡流损失；（B）旋涡损失和二次流损失；（C）管壁摩擦损失和二次流损失；（D）管壁摩擦损失和撞击损失。

Lb5A1036　火力发电厂的蒸汽参数一般是指蒸汽的（D）。
（A）压力、比体积；（B）温度、比体积；（C）焓、熵；（D）压力、温度。

Lb5A1037　热工测量是对热工过程中的（B）进行测量。
（A）热工信号；（B）热工参数；（C）热工工况；（D）热工元件。

Lb5A1038　为了保证压力表测压的准确性,在压力表安装前必须（A）。
（A）按标准压力校对；（B）与实际压力校对；（C）按一般压力校对；（D）按大气压力校对。

Lb5A1039　阀门部件的材质是根据工作介质的（B）来决定的。
（A）流量与压力；（B）温度与压力；（C）流量与温度；（D）温度与黏度。

Lb5A1040　工作温度大于（C）℃的阀门为高温阀门。

（A）250；（B）350；（C）450；（D）550。

Lb5A2041 温度在（A）℃以下的低压汽水管，其阀门外壳通常用铸铁制成。

（A）120；（B）200；（C）250；（D）300。

Lb5A2042 止回门的作用是（A）。

（A）防止管道中的流体倒流；（B）调节管道中的流量及压力；（C）防止流体突然减少；（D）只调节管道中的流量。

Lb5A2043 火力发电厂主要以（C）作为工质。

（A）空气；（B）烟气；（C）水蒸气；（D）燃气。

Lb5A2044 凝结水泵盘根密封水选用（D）。

（A）循环水；（B）工业水；（C）消防水；（D）凝结水。

Lb5A2045 射水抽气器以（A）作为射水泵工作水源。

（A）循环水或工业水；（B）凝结水；（C）软水；（D）自来水。

Lb5A3046 一般所说的水泵功率是指（D）。

（A）原动机功率；（B）轴功率；（C）配套功率；（D）有效功率。

Lb5A3047 火力发电厂生产过程的三大主要设备有锅炉、汽轮机、（B）。

（A）主变压器；（B）发电机；（C）励磁变压器；（D）厂用变压器。

Lb5A3048 火力发电厂的生产过程是将燃料的（A）转变

为电能。

（A）化学能；（B）热能；（C）机械能；（D）动能。

Lb5A3049 凝汽式汽轮机组的综合经济指标是（**A**）。

（A）热耗率；（B）汽耗率；（C）热效率；（D）厂用电率。

Lb5A3050 球型阀的阀体制成流线型是为了（**C**）。

（A）制造方便；（B）外形美观；（C）减少流动阻力损失；（D）减少沿程阻力损失。

Lb5A4051 利用管道自然弯曲来解决管道热膨胀的方法称为（**B**）。

（A）冷补偿；（B）自然补偿；（C）补偿器补偿；（D）热补偿。

Lb5A4052 每千克流体流进泵后机械能的增加称为（**C**）。

（A）流量；（B）功率；（C）扬程；（D）效率。

Lb5A4053 公称压力为 **25** 的阀门属于（**B**）。

（A）低压门；（B）中压门；（C）高压门；（D）超高压门。

Lb5A4054 对于定速泵来讲,其流量增加,扬程必然（**A**）。

（A）降低；（B）增加；（C）不变；（D）不确定。

Lb5A4055 下列四种泵中流量相对最大的是（**A**）。

（A）离心泵；（B）齿轮泵；（C）活塞泵；（D）螺杆泵。

Lb5A5056 离心泵基本特性曲线中最主要的是（**A**）曲线。

（A）$q_v - H$；（B）$q_v - P$；（C）$q_v - \eta$；（D）$q_v - M$。

Lb5A5057 轴流泵的功率，随着流量的增加，其值（**B**）。

（A）增加；（B）减少；（C）不变；（D）不确定。

Lb5A5058 某厂有四台蒸汽参数为 **18.0MPa，540℃**的汽轮机组，该机组属于（**C**）。

（A）高压汽轮机组；（B）超高压汽轮机组；（C）亚临界压力汽轮机组；（D）超临界压力汽轮机组。

Lb5A5059 在蒸汽管道和大直径供水管道中，由于流体阻力一般要求较小，采用（**B**）。

（A）截止阀；（B）闸阀；（C）旋塞阀；（D）球阀。

Lb5A5060 水泵入口处的汽蚀余量称为（**A**）。

（A）装置汽蚀余量；（B）允许汽蚀余量；（C）最大汽蚀余量；（D）最小汽蚀余量。

Lb4A1061 油系统多采用（**B**）阀门。

（A）暗；（B）明；（C）铜制；（D）铝制。

Lb4A1062 凝汽器内真空升高，汽轮机排汽压力（**B**）。

（A）升高；（B）降低；（C）不变；（D）不能判断。

Lb4A1063 在火力发电厂中，汽轮机是将（**D**）的设备。

（A）热能转变为动能；（B）热能转变为电能；（C）机械能转变为电能；（D）热能转变为机械能。

Lb4A1064 抽气器的作用是抽出凝汽器中的（**D**）。

（A）空气；（B）蒸汽；（C）蒸汽和空气混合物；（D）空气和不凝结气体。

Lb4A1065 凝结水泵很容易产生汽蚀和吸入空气,是因为该泵的吸入侧处于（**C**）状态下。

（A）高压；（B）大气压；（C）真空；（D）低压。

Lb4A1066 在管道上不允许有任何位移的地方应装（**A**）。

（A）固定支架；（B）流动支架；（C）导向支架；（D）弹簧支架。

Lb4A1067 水泵能量损失可分为（**D**）。

（A）机械损失、水力损失；（B）水力损失、流动损失；（C）容积损失、压力损失；（D）水力损失、机械损失、容积损失。

Lb4A1068 火力发电厂辅机耗电量最大的是（**A**）。

（A）给水泵；（B）送风机；（C）循环泵；（D）磨煤机。

Lb4A2069 单级单吸离心泵采用的吸入室形式是（**C**）。

（A）圆形吸入室；（B）半螺旋形吸入式；（C）钳形吸入室；（D）环形吸入式。

Lb4A2070 滑参数停机的主要目的是（**D**）。

（A）利用锅炉余热发电；（B）均匀降低参数减少机组寿命损耗；（C）防止汽轮机超速；（D）降低汽轮机缸体温度,利于检修。

Lb4A2071 离心泵叶轮尺寸一定时,泵的流量与转速的（**A**）次方成正比。

（A）1；（B）2；（C）3；（D）4。

Lb4A2072 离心泵叶轮尺寸一定时,泵的扬程与转速的（**B**）次方成正比。

（A）1；（B）2；（C）3；（D）4。

Lb4A2073 离心泵叶轮尺寸一定时，泵的功率与转速的（C）次方成正比。

（A）1；（B）2；（C）3；（D）4。

Lb4A2074 火力发电厂的汽水损失分为（D）两部分。

（A）自用蒸汽和热力设备泄漏；（B）机组停用放汽和疏放水；（C）经常性和暂时性；（D）内部损失和外部损失。

Lb4A2075 油的黏度随温度升高而（B）。

（A）不变；（B）降低；（C）升高；（D）凝固。

Lb4A3076 抽气器从工作原理上可分为（C）两大类。

（A）射汽式和射水式；（B）液环泵与射流式；（C）射流式和容积式；（D）主抽气器与启动抽气器。

Lb4A3077 水泵机械密封是靠静环与动环端面的（B）。

（A）直接接触而形成密封，不需要密封液体；（B）直接接触而形成密封，需要密封液体；（C）非直接接触而形成密封，需要密封液体；（D）直接接触而形成密封，密封液体启动前投入，启动后不需要。

Lb4A3078 水泵叶轮中流体的绝对运动速度应该为（A）。

（A）牵连运动速度和相对运动速度之和；（B）牵连运动速度和相对运动速度之差；（C）相对运动速度和牵连运动速度之比；（D）牵连运动速度和相对运动速度之积。

Lb4A3079 在（A）中，叶轮前后盖板外侧和流体之间圆盘摩擦损失是主要的。

（A）机械损失；（B）容积损失；（C）流动损失；（D）节流损失。

Lb4A3080 造成火电厂效率低的主要原因是（**B**）。

（A）锅炉效率；（B）汽轮机排汽损失；（C）发电机损失；（D）汽轮机机械损失。

Lb4A4081 热工自动调节过程品质的好坏，通常用准确性、快速性、（**A**）三项主要指标来评定。

（A）稳定性；（B）灵敏性；（C）抗干扰性；（D）时滞性。

Lb4A4082 离心泵的效率等于（**B**）。

（A）机械效率+容积效率+水力效率；（B）机械效率×容积效率×水力效率；（C）（机械效率+容积效率）×水力效率；（D）机械效率×容积效率+水力效率。

Lb4A4083 水蒸气的临界参数为（**B**）。

（A）p_c=22.129MPa，t_c=274.15℃；（B）p_c=22.129MPa，t_c=374.15℃；（C）p_c=224MPa，t_c=274.15℃；（D）p_c=224MPa，t_c=374.15℃。

Lb4A4084 选用给水泵要求该泵的 Q—H 性能曲线（**A**）。

（A）较平坦；（B）较陡峭；（C）驼峰型；（D）视情况而定。

Lb4A4085 火力发电厂中,测量主蒸汽流量的节流装置多选用（**B**）。

（A）标准孔板；（B）标准喷嘴；（C）长径喷嘴；（D）文丘里管。

Lb4A5086 离心泵内的水力损失大部分集中在（**C**）。

（A）吸入室中；（B）泵叶轮处；（C）压出室中；（D）均匀分布。

Lb4A5087 水泵经济性可用（**C**）来衡量。

（A）轴功率；（B）有效功率；（C）效率；（D）功率。

Lb4A5088 多级离心泵的级间泄漏称为（**A**）。

（A）容积损失；（B）机械损失；（C）水力损失；（D）摩擦损失。

Lb4A5089 流体从泵进口流至出口过程中会产生流动损失，它包括（**A**）。

（A）摩擦损失、扩散损失、冲击损失；（B）机械损失、容积损失、圆盘损失；（C）扩散损失、容积损失、流动损失；（D）容积损失、摩擦损失、机械损失。

Lb4A5090 采用平衡孔与平衡管可以有效地平衡水泵的轴向推力，但不足之处是（**A**）。

（A）影响泵的效率；（B）影响泵的功率；（C）影响泵的流量；（D）结构复杂，不变维护。

Lb3A1091 浮动环密封装置一般用于电厂（**C**）的轴端密封。

（A）循环水泵；（B）真空泵；（C）给水泵；（D）射水泵。

Lb3A1092 利用液力耦合器调速泵是采用（**A**）来改变流量的。

（A）变速；（B）节流；（C）变压；（D）变角。

Lb3A1093 三相异步电动机的额定电压是指（**A**）。

（A）线电压；（B）相电压；（C）电压的瞬时值；（D）电压的有效值。

Lb3A1094 当泵的扬程一定时，增加叶轮（**A**）可以相应地减小轮径。

（A）转速；（B）流量；（C）功率；（D）效率。

Lb3A1095 离心泵叶轮一般由前盖板、叶片、后盖板和（**C**）所组成。

（A）轴承；（B）大轴；（C）轮毂；（D）密封动环。

Lb3A1096 离心泵轴端密封摩擦阻力最大的为（**A**）。

（A）填料密封；（B）机械密封；（C）浮动环密封；（D）迷宫密封。

Lb3A2097 轴流式高比转速泵，当流量减少时，由于叶轮内流体紊乱，将引起能量损失（**A**）。

（A）增加；（B）减少；（C）不变；（D）不确定。

Lb3A2098 液力耦合器的容油量增加，涡轮轴的转速（**A**）。

（A）增高；（B）降低；（C）不变；（D）无法确定。

Lb3A2099 汽轮发电机组每生产 1kW·h 的电能所消耗的热量叫（**B**）。

（A）热耗量；（B）热耗率；（C）热效率；（D）热流量。

Lb3A2100 火力发电厂采用（**D**）作为国家考核指标。

（A）全厂效率；（B）厂用电率；（C）发电煤耗率；（D）供

电煤耗率。

Lb3A2101 诱导轮实际上是一个（**B**）。

（A）离心式叶轮；（B）轴流式叶轮；（C）混流式叶轮；（D）涡流式叶轮。

Lb3A3102 轴承油膜的最小厚度随轴承负荷的减少而（**C**）。

（A）减少；（B）保持不变；（C）增加；（D）与负荷无关。

Lb3A3103 液力耦合器的工作油油量的变化是由（**A**）控制的。

（A）勺管；（B）阀门开度；（C）涡轮转速；（D）泵轮转速。

Lb3A3104 水泵在停泵前，若能使（**B**）为零，将可避免水锤现象。

（A）转速；（B）流量；（C）功率；（D）效率。

Lb3A3105 要使泵内压力最低点不发生汽化，必须使有效汽蚀余量（**D**）必需汽蚀余量。

（A）等于；（B）小于；（C）略小于；（D）大于。

Lb3A3106 离心泵最易受到汽蚀损害的部位是（**B**）。

（A）叶轮或叶片入口；（B）叶轮或叶片出口；（C）轮毂或叶片出口；（D）叶轮外缘。

Lb3A3107 水泵的性能曲线与管路性能曲线的交点，为泵的工作点，当关小水泵出口阀门时，（**C**）。

（A）管路特性曲线将变平坦，工作点右移；（B）管路特性曲线将变平坦，工作点左移；（C）管路特性曲线将变陡峭，工作点左移；（D）管路特性曲线将变陡峭，工作点右移。

Lb3A3108 离心泵的性能曲线是在（**B**）固定不变的情况下得出的。

（A）流量；（B）转速；（C）功率；（D）扬程。

Lb3A3109 离心泵的性能曲线一般是用（**C**）方法得到的。

（A）理论；（B）计算；（C）试验；（D）近似估计。

Lb3A4110 离心泵与管道系统相连时，系统流量由（**C**）来确定。

（A）泵的性能曲线；（B）管道特性曲线；（C）泵的性能曲线与管道特性曲线的交点；（D）阀门开度。

Lb3A4111 要保证流体在管道中流动，泵所提供的能量至少大于（**D**）。

（A）流体沿程阻力损失；（B）流体提高的位能；（C）流体提高的压力能；（D）流体沿程阻力损失、流体提高的位能、流体提高的压力能之和。

Lb3A4112 离心水泵轴向力产生的原因是（**D**）。

（A）叶轮两侧的液流压力不等；（B）液体在叶轮内流动产生的动量变化；（C）水泵安装工艺不符合要求；（D）叶轮两侧的液流压力不等、液体在叶轮内流动产生的动量变化、立式泵转子的重力。

Lb3A4113 离心泵轴端机械密封的密封端面（**B**）润滑。

（A）必须有润滑油；（B）必须有机械密封水；（C）必须有润滑脂；（D）不需要。

Lb3A4114 下列比转速较大的是（**B**）。

（A）给水泵；（B）循环泵；（C）凝结水泵；（D）真空泵。

Lb3A4115 汽蚀比转速大的水泵，抗汽蚀性能（**D**）。

（A）反而小；（B）不一定就大；（C）小；（D）大。

Lc5A1116 交流电（**A**）mA 为人体安全电流。

（A）10；（B）20；（C）30；（D）50。

Lc5A1117 凝固点是反映燃料油（**A**）的指标。

（A）流动性；（B）杂质多少；（C）发热量高低；（D）质量好坏。

Lc5A1118 泡沫灭火器扑救（**A**）火灾的效果最好。

（A）油类；（B）化学药品；（C）可燃气体；（D）电器设备。

Lc5A2119 三相异步电动机的转子，根据构造上的不同可分为（**B**）式和鼠笼式两种。

（A）永磁；（B）绕线；（C）电磁；（D）线圈。

Lc5A2120 电力事故造成直接经济损失 1000 万元以上者为（**C**）。

（A）一般事故；（B）重大事故；（C）特大事故；（D）障碍

Lc4A1121 在 220V 电源上串联四个灯泡，最亮的是（**D**）的灯泡。

（A）100W；（B）200W；（C）60W；（D）40W。

Lc4A2122　　额定功率为 10W 的三个电阻，$R_1=10\Omega$，$R_2=40\Omega$，$R_3=250\Omega$，串联接于电路中，电路中允许通过的最大电流为（A）。

（A）200mA；（B）0.5A；（C）1A；（D）180mA。

Lc4A3123　　火力发电厂主要采用自然循环锅炉、强迫循环锅炉、（A）、复合循环锅炉。

（A）直流锅炉；（B）固态排渣锅炉；（C）液态排渣锅炉；（D）层燃锅炉。

Lc4A3124　　锅炉给水一般要求经过除氧器加热除氧，其目的是（B）。

（A）减少冷源损失；（B）防止锅炉金属腐蚀；（C）减少锅炉汽包壁温差；（D）汇集回收机组汽水工质及热能。

Lc4A3125　　在两种不同金属导体焊成的闭合回路中，若两焊接端的温度不同时，就产生（A），这种由两种金属组成的回路就成为热电偶。

（A）热电势；（B）热电流；（C）热温差；（D）热能传递。

Lc3A1126　　触电人心脏跳动停止时，应采用（B）方法进行抢救。

（A）口对口呼吸；（B）胸外心脏按压；（C）打强心针；（D）摇臂压胸。

Lc3A1127　　直流电（D）mA 为人体安全电流。

（A）10；（B）20；（C）30；（D）50。

Lc3A2128　　电阻温度计是根据电阻阻值随（C）变化而变化这一原理测量温度的。

（A）电压；（B）电阻率；（C）温度；（D）温差。

Lc3A2129　标准煤的低位发热量为（**C**）。

（A）20 934kJ/kg；（B）25 120.8kJ/kg；（C）29 307.6kJ/kg；（D）31 007.9kJ/kg。

Lc3A3130　锅炉各项损失中，损失最大的是（**C**）。

（A）散热损失；（B）化学未完全燃烧损失；（C）排烟热损失；（D）机械未完全燃烧损失。

Lc3A3131　在电气设备绝缘损坏处或在带电设备发生故障处，电流在接地点周围土壤中产生电压，当人走近接地点附近时，会造成（**D**）触电。

（A）单相；（B）两相；（C）接触电压；（D）跨步电压。

Lc3A3132　锅炉设计发供电煤耗率时，计算用的热量为（**B**）。

（A）煤的高位发热量；（B）煤的低位发热量；（C）发电热耗量；（D）煤的发热量。

Lc3A3133　火力发电企业防止大气污染的主要措施是（**D**）。

（A）烟气除尘；（B）烟气脱硫；（C）烟气脱硝；（D）烟气除尘、脱硫、脱硝。

Lc3A4134　异步电动机的启动特点是（**C**）。

（A）启动电流大；（B）启动转矩大；（C）启动电流大，启动转矩小；（D）启动电流小，启动转矩大。

Lc3A4135　用 Y–△转换来启动定子绕组为△形接线的鼠笼电动机，目的是（**A**）。

（A）降低启动电流；（B）增大启动转矩；（C）增加启动电流，增大启动转矩；（D）降低启动电流，增加启动转矩。

Lc3A4136　金属材料在拉伸应力和腐蚀介质的共同作用下，发生的腐蚀现象称为（**B**）。

（A）苛性脆化；（B）应力腐蚀；（C）低温腐蚀；（D）电化腐蚀。

Jd5A1137　火力发电厂处于负压运行的设备是（**C**）。

（A）省煤器；（B）过热器；（C）凝汽器；（D）除氧器。

Jd5A1138　在发电厂中，三相母线的相序是用固定颜色表示的，规定用（**B**）分别表示 A 相、B 相、C 相。

（A）红色、黄色、绿色；（B）黄色、绿色、红色；（C）黄色、红色、绿色；（D）红色、绿色、黄色。

Jd5A1139　电气设备高压是指设备对地电压在（**B**）以上。

（A）380V；（B）250V；（C）220V；（D）6000V。

Jd5A2140　大型轴流泵广泛采用（**C**）调节。

（A）变速；（B）节流；（C）可动叶片；（D）出口调节。

Jd5A2141　汽轮机旁路系统中，低压减温水采用（**A**）。

（A）凝结水；（B）给水；（C）闭式冷却水；（D）给水泵中间抽头。

Jd5A3142　水泵并联工作的主要目的是为了（**B**）。

（A）增加流体的能量；（B）增加流体的流量；（C）提高水泵的扬程；（D）提高水泵的可靠性。

Jd5A3143 水泵串联工作的主要目的是为了（**A**）。

（A）增加流体的能量；（B）增加流体的流量；（C）提高水泵的扬程；（D）提高水泵的可靠性。

Jd5A3144 目前凝汽器循环水冷却倍率一般在（**D**）范围。

（A）10～20；（B）20～30；（C）30～40；（D）50～60。

Jd5A4145 射水抽气器停止时，（**C**），然后方可停射水泵。

（A）先关射水泵出口门，再关空气门；（B）先关闭空气门；（C）应先关空气门，再关射水泵出口门；（D）先关闭射水泵出口门。

Jd5A4146 液环真空泵在运行时，叶轮与工作液体之间会形成（**B**）。

（A）液流环；（B）可变工作腔；（C）不变工作腔；（D）空气环。

Jd5A4147 电动给水泵启动前，首先启动（**B**）。

（A）主油泵；（B）辅助油泵；（C）前置泵；（D）凝结水泵。

Jd5A4148 深井潜水电泵（**C**）容易造成电动机动静卡涩，损坏电动机。

（A）长期不运行；（B）长期运行；（C）频繁启停；（D）间断运行。

Jd5A5149 在选择使用压力表时，为使压力表能安全可靠地工作，压力表的量程应选得比被测压力值高（**B**）。

（A）1/4；（B）1/3；（C）1/2；（D）1/5。

Jd5A5150 凝汽器水阻的大小直接影响循环水泵的耗电量，大型机组一般为（**B**）左右。

（A）2m 水柱；（B）4m 水柱；（C）6m 水柱；（D）8m 水柱。

Jd4A1151 电磁阀属于（**C**）。

（A）电动门；（B）手动门；（C）快速动作门；（D）中速动作门。

Jd4A1152 蒸汽流经喷管的过程可看作是（**C**）过程。

（A）等压；（B）等焓；（C）绝热；（D）等容。

Jd4A1153 自江河吸取发电厂所需的水量，进入凝汽器吸热后，又排入江河下游中去的供水方式是（**B**）方式。

（A）循环供水系统；（B）直流供水系统；（C）混合供水系统；（D）闭式供水系统。

Jd4A2154 （**B**）的比转速约为 500～1000。

（A）离心泵；（B）轴流泵；（C）混流泵；（D）齿轮泵。

Jd4A2155 无直流供水条件的大中型容量以上的发电厂循环水系统，普遍采用的冷却设备是（**C**）。

（A）冷却池；（B）喷水池；（C）冷却塔；（D）冷却器。

Jd4A2156 热工程序技术，为生产自动化操作水平提供有效的（**A**）。

（A）技术手段；（B）技术依据；（C）技术关键；（D）技术导向。

Jd4A3157 调速给水泵设置前置泵的目的是（**B**）。

（A）防止冲击；（B）防止汽蚀；（C）防止噪声；（D）增压。

Jd4A3158　在汽轮机的抗燃油系统中，当测得高压蓄能器的氮气压力低于（**B**）时，应对该蓄能器进行充氮。

（A）7.0MPa；（B）8.0MPa；（C）9.0MPa；（D）10.0MPa。

Jd4A3159　金属的过热是指因为超温使金属发生不同程度的（**D**）。

（A）膨胀；（B）氧化；（C）变形；（D）损坏。

Jd4A4160　亚临界压力汽轮机新蒸汽压力为（**C**）MPa。

（A）5.88～9.8；（B）11.76～13.72；（C）15.68～17.64；（D）22.129 以上。

Jd4A4161　蒸汽在汽轮机内的膨胀过程可以看作是（**B**）。

（A）等温过程；（B）绝热过程；（C）等压过程；（D）等容过程。

Jd4A4162　对流体的平衡和运动规律具有主要影响的是（**A**）。

（A）黏性；（B）压缩性；（C）膨胀性；（D）惯性。

Jd4A5163　在压气机中，对空气的压缩过程越接近（**D**），消耗的功率越小。

（A）定容过程；（B）定压过程；（C）绝热过程；（D）定温过程。

Jd4A5164　工程热力学是研究（**B**）的规律和方法的一门学科。

（A）化学能转变为热能；（B）热能与机械能间相互转换；（C）机械能转变为电能；（D）化学能转变为电能。

Jd4A5165　运行给水泵转备用时，应（**C**）。

（A）先停泵后关出口阀；（B）先关出口阀后停泵；（C）先关出口阀后停泵再开出口阀；（D）先停泵后关出口阀再开出口阀。

Jd3A1166　为了防止油系统失火，油系统管道、阀门、接头、法兰等附件承压等级应按耐压试验压力选用，一般为工作压力的（**C**）。

（A）1.5 倍；（B）1.8 倍；（C）2 倍；（D）2.2 倍。

Jd3A1167　给水泵平衡盘的端面飘偏度一般不大于（**D**）。

（A）0.05mm；（B）0.04mm；（C）0.03mm；（D）0.02mm。

Jd3A2168　辅助设备处于能够执行预定功能的状态叫（**D**）状态。

（A）备用；（B）运行；（C）停用；（D）可用。

Jd3A2169　给水泵驱动汽轮机停机后 **36h** 内再启动，为（**C**）启动。

（A）冷态；（B）热态；（C）温态；（D）极热态。

Jd3A3170　轴流泵与混流泵相比，（**A**）。

（A）比转速高，扬程低；（B）比转速低，扬程高；（C）比转速相等，扬程低；（D）比转速低，扬程相等。

Jd3A3171　循环水泵停运时，一般要求出口阀门关闭时间不小于 **45s**，主要是为了（**C**）。

（A）防止水泵汽化；（B）防止水泵倒转；（C）减小水击；（D）减小振动。

Jd3A4172 凝结水泵启动前，（**B**）。

（A）关闭空气门，开启密封水门；（B）开启密封水门，开启空气门；（C）开启空气门，关闭密封水门；（D）关闭空气门，关闭密封水门。

Jd3A4173 凝结水泵第一级采用双吸叶轮，主要作用是（**C**）。

（A）提高出口压力；（B）增大流量；（C）提高抗汽蚀性；（D）增加水泵容量。

Jd3A4174 机组正常启动过程中，应先恢复（**C**）运行。
（A）给水系统；（B）凝结水系统；（C）闭式水系统；（D）循环水系统。

Jd3A4175 给水泵出口再循环管的作用是防止给水泵在空负荷或低负荷时（**C**）。
（A）泵内产生轴向推力；（B）泵内产生振动；（C）泵内产生汽化；（D）产生不稳定工况。

Je5A1176 离心水泵启动前，必须使叶轮叶道及与外壳之间充满水，其目的是（**B**）。
（A）防止启动时管道进空气振动；（B）防止叶轮进口真空破坏，造成水泵不出水；（C）防止启动冲击电流过大；（D）防止叶轮不平衡水泵振动。

Je5A1177 离心式水泵以单吸或双吸分类时，是（**C**）进行区分的。

（A）按泵壳结合面形式；（B）按工作叶轮数目；（C）按叶轮进水方式；（D）按叶轮出水方式。

Je5A1178 循环水泵主要向（**A**）提供冷却水。

（A）凝汽器；（B）发电机冷却器；（C）冷油器；（D）给水泵空冷却器。

Je5A1179 在泵的启动过程中，下列中的（**C**）应进行暖泵。

（A）循环水泵；（B）凝结水泵；（C）给水泵；（D）疏水泵。

Je5A1180 水泵采用诱导轮的目的是（**A**）。

（A）防止汽蚀；（B）防止冲击；（C）防止噪声；（D）防止振动。

Je5A1181 当水泵的转速增大时，水泵的流量和扬程将（**A**）。

（A）增大；（B）减小；（C）不变；（D）稍有变化。

Je5A1182 电厂锅炉给水泵采用（**C**）。

（A）单级单吸离心泵；（B）单级双吸离心泵；（C）分段式多级离心泵；（D）轴流泵。

Je5A2183 流体在球形阀内的流动形式是（**B**）。

（A）由阀芯的上部导向下部；（B）由阀芯的下部导向上部；（C）与阀芯作垂直流动；（D）减少沿程阻力损失。

Je5A2184 离心泵轴封机构的作用是（**A**）。

（A）防止高压液体从泵中大量漏出或空气顺轴吸入泵内；

（B）对水泵轴起支承作用；（C）对水泵轴起冷却作用；（D）防止漏油。

Je5A2185 调速给水泵电动机与主给水泵连接方式为（**C**）连接。
（A）钢性联轴器；（B）挠性联轴器；（C）液力联轴器；（D）半挠性联轴器。

Je5A2186 火电厂中使用热电偶测量（**C**）。
（A）流量；（B）压力；（C）温度；（D）含氧量。

Je5A2187 造成火力发电厂效率低的主要原因是（**D**）。
（A）锅炉效率低；（B）汽轮机级损失；（C）发电机损失；（D）凝汽器冷源损失。

Je5A2188 用来维持凝汽器真空的动力水泵是（**D**）。
（A）循环水泵；（B）给水泵；（C）凝结水泵；（D）射水泵。

Je5A2189 测量不同热工项目要有（**A**）。
（A）不同的测量仪表；（B）特殊仪表；（C）专用仪表；（D）通用仪表。

Je5A3190 工作介质温度在 540～600℃ 的阀门属于（**B**）。
（A）普通阀门；（B）高温阀门；（C）超高温阀门；（D）低温阀门。

Je5A3191 给水泵（**D**）不严密时，严禁启动给水泵。
（A）进口门；（B）出口门；（C）再循环门；（D）出口止回门。

Je5A3192 水泵轴承加油应使用（**B**）。

（A）油桶；（B）长嘴油壶；（C）盆、桶均可以；（D）杯子。

Je5A3193 给水泵中间抽头的水作（**B**）的减温水用。

（A）锅炉过热器；（B）锅炉再热器；（C）凝汽器；（D）高压旁路。

Je5A3194 产生的压力在（**A**）以下的泵称为低压泵。

（A）2.0MPa；（B）4.0MPa；（C）5.0MPa；（D）1.0MPa。

Je5A3195 产生压力在（**D**）以上的泵称为高压泵。

（A）3.0MPa；（B）4.0MPa；（C）5.0MPa；（D）6.0MPa。

Je5A3196 电动机两相运行时，电流表指示（**D**）。

（A）变大；（B）变小；（C）为零；（D）变大或为零。

Je5A4197 齿轮联轴器一般用在（**A**）上。

（A）给水泵；（B）凝结水泵；（C）疏水泵；（D）循环水泵。

Je5A4198 轴流泵的工作特点是（**B**）。

（A）流量大、扬程大；（B）流量大、扬程小；（C）流量小、扬程大；（D）流量小、扬程低。

Je5A4199 效率最低的水泵是（**D**）。

（A）离心泵；（B）螺杆泵；（C）轴流泵；（D）喷射泵。

Je5A4200 循环水泵在运行中出口压力异常降低，是由于（**D**）。

（A）水泵电流减小；（B）循环水入口温度降低；（C）机组负荷较低；（D）循环水入口过滤网被堵或入口水位过低。

Je5A4201 分析比转速的公式，其转速不变，则比转速小，必定是（**A**）。

（A）流量小、扬程大；（B）流量大、扬程小；（C）流量小、扬程小；（D）流量大、扬程大。

Je5A4202 多级离心泵在运行中，平衡盘状态是动态的，泵的转子在某一平衡位置上始终（**A**）。

（A）沿轴向移动；（B）沿轴向相对静止；（C）沿轴向左右周期变化；（D）极少移动。

Je5A4203 0.5 级精度的温度表，其量程为 50～800℃，误差允许为（**A**）℃。

（A）±3.75；（B）±4；（C）±4.25；（D）±5。

Je5A5204 转动机械的滚动轴承温度安全限额为（**A**）。

（A）不允许超过 100℃；（B）不允许超过 80℃；（C）不允许超过 75℃；（D）不允许超过 70℃。

Je5A5205 离心泵在流量大于或小于设计工况下运行时，冲击损失（**A**）。

（A）增大；（B）减小；（C）不变；（D）先增大后减小。

Je5A5206 闸阀的作用是（**C**）。

（A）改变介质的流动方向；（B）调节介质的流量；（C）截止流体的流动；（D）调节介质的压力。

Je5A5207 离心泵叶轮上开平衡孔的作用是（**C**）。

（A）平衡叶轮的质量；（B）平衡叶轮的径向力；（C）减小轴向推力；（D）减小叶轮的质量。

Je5A5208 下列四种泵中，相对流量最高的是（**B**）。

（A）离心泵；（B）轴流泵；（C）齿轮泵；（D）螺杆泵。

Je5A5209 两台水泵并联运行时，所产生的总扬程（**D**）。

（A）为每台水泵的扬程之和；（B）为每台水泵的扬程之积；（C）为每台水泵的扬程之和的 1/2；（D）与每台水泵的扬程相等。

Je5A5210 凝结水泵再循环管的主要作用是（**D**）。

（A）调节凝汽器水位；（B）调节排气缸温度；（C）为其他设备提供冷却水或密封水；（D）低负荷情况下，防止水泵发生汽蚀。

Je4A1211 离心泵停用前应先关闭（**B**）（循环水泵除外）。

（A）入口阀；（B）出口阀；（C）连通阀；（D）排污阀。

Je4A1212 汽轮机高压油泵的出口压力应（**D**）主轴泵出口油压。

（A）大于；（B）等于；（C）小于；（D）稍小于。

Je4A1213 加热器的疏水采用疏水泵排出的优点是（**D**）。

（A）疏水可以利用；（B）安全，可靠性高；（C）系统简单；（D）热经济性高。

Je4A1214 汽轮机油系统上的阀门应（**B**）。

（A）垂直安装；（B）横向安装；（C）垂直安装、横向安装均可；（D）45°角安装。

Je4A1215 调节汽轮机的功率，主要是通过改变汽轮机的（**C**）来实现的。

（A）转数；（B）运行方式；（C）进汽量；（D）抽汽量。

Je4A1216 当隔绝给水泵时，在最后关闭进口门过程中，应密切注意（**A**），否则不能关闭进口门。

（A）泵内压力不升高；（B）泵不倒转；（C）泵内压力升高；（D）管道无振动。

Je4A1217 射水抽气器内部发生损坏的主要原因是（**A**）。

（A）氧化腐蚀；（B）机械损伤；（C）工作水压变化；（D）工作水温变化。

Je4A2218 主凝结水泵与凝结水升压泵串联工作，主要目的是（**A**）。

（A）使除盐设备避免承受较高压力；（B）便于主凝结水泵工作，防止入口汽化；（C）便于克服低压加热器阻力；（D）方便高压除氧器布置。

Je4A2219 给水泵停用检修，在关闭入口阀时要特别注意入口压力的变化，防止出口阀不严（**A**）。

（A）引起泵内压力升高，损坏泵入口低压部件；（B）引起备用给水泵联动；（C）造成检修人员烫伤；（D）引起给水泵振动。

Je4A2220 给水泵发生（**C**）情况时，应紧急停泵。

（A）给水泵入口法兰漏水；（B）给水泵或电动机振动达0.06mm；（C）给水泵内部清楚的摩擦声或冲击声；（D）给水泵油箱油位低。

Je4A2221 在对给水管道进行隔离泄压时，放水一次门、二次门的正确的操作方式是（**B**）。

（A）一次门开足，二次门开足；（B）一次门开足，二次门调节；（C）一次门调节，二次门开足；（D）一次门调节，二次门调节。

Je4A2222 凝结水泵电流到零，凝结水压力下降，凝结水流量到零，凝汽器水位升高的原因是（**C**）。

（A）凝结水泵机械故障；（B）凝结水泵汽化；（C）凝结水泵电源中断；（D）凝汽器热井水位过低。

Je4A2223 在启动发电机定子水冷泵前，应对定子水箱（**D**）方可启动水泵向系统通水。

（A）补水至正常水位；（B）补水至稍高于正常水位；（C）补水至稍低于正常水位；（D）进行冲洗，直至水质合格。

Je4A2224 汽轮机高压油大量漏油，引起火灾事故，应立即（**D**）。

（A）启动高压油泵停机；（B）启动润滑油泵停机；（C）启动直流油泵停机；（D）启动润滑油泵停机，并切断高压油源等。

Je4A3225 汽轮发电机正常运行中，当发现密封油泵出口油压升高、密封瓦入口油压降低时，应判断为（**C**）。

（A）密封油泵跳闸；（B）密封瓦磨损；（C）滤油网堵塞、管路堵塞或差压阀失灵；（D）油管泄漏。

Je4A3226 汽轮机启动前先启动润滑油泵，运行一段时间后再启动高压调速油泵，其目的主要是（**D**）。

（A）提高油温；（B）先使各轴瓦充油；（C）排出轴承油

室内的空气；（D）排出调速系统积存的空气。

Je4A3227 给水泵在运行中的振幅不允许超过 **0.05mm**，是为了（**D**）。

（A）防止振动过大，引起给水压力降低；（B）防止振动过大，引起基础松动；（C）防止轴承外壳遭受破坏；（D）防止泵轴弯曲或轴承油膜破坏造成轴瓦烧毁。

Je4A3228 机组启动前，发现任何一台油泵或其自启动装置有故障时，应该（**D**）。

（A）边启动边抢修；（B）切换备用油泵；（C）报告上级；（D）禁止启动。

Je4A3229 给水泵跳闸后，如果出口止回阀故障不能关闭，将会引起给水泵倒转。发现给水泵倒转，应立即（**B**）。

（A）关闭给水泵进口门，防止除氧器满水；（B）检查辅助油泵运行情况，防止缺油烧瓦，同时要尽快关闭给水泵出口门；（C）立即强合一次给水泵，防止锅炉缺水；（D）通知锅炉关闭给水调节门。

Je4A3230 当给水的含盐量不变时，需降低蒸汽含盐量，只有增加（**D**）。

（A）溶解系数；（B）锅炉水含盐量；（C）携带系数；（D）排污率。

Je4A3231 离心泵运行中如发现表计指示异常，应（**A**）。

（A）先分析是不是表计问题，再到现场找原因；（B）立即停泵；（C）如未超限则不管它；（D）请示领导。

Je4A3232 锅炉给水泵运行中，如发现流量异常减小，且给水泵声音异常，应是（**D**）。

（A）给水泵转速下降；（B）锅炉主蒸汽压力上升；（C）除氧器压力下降；（D）前置泵故障。

Je4A3233 深井泵运行中，如发现深井水母管压力下降，且深井泵电流减小，应为（**A**）。

（A）深井水母管爆破；（B）深井泵变压器跌落保险爆一相；（C）深井泵供电电压低；（D）深井泵轴断。

Je4A4234 给水泵驱动汽轮机采用油涡轮盘车的特点是（**B**）。

（A）结构不受限制，力矩大；（B）动静部分无机械连接，安全可靠，能高速盘车；（C）动静部分有机械连接，不能高速盘车，可靠性差；（D）力矩小，应用不广泛。

Je4A4235 凝结水泵的空气管主要作用是（**D**）。

（A）平衡轴向力；（B）平衡密封水；（C）平衡圆筒体压力；（D）及时将腔体内气体排走。

Je4A4236 立式混流循环泵在启动和运行中不能中断（**C**），否则会引起轴承和轴烧坏事故。

（A）润滑油；（B）密封水；（C）润滑水；（D）电源。

Je4A4237 深井潜水电泵下井前，必须向电动机腔内注灌清水，否则将会（**C**）。

（A）影响水泵出水；（B）水泵排气不尽，引起振动；（C）轴承发热，绝缘损坏；（D）产生水冲击。

Je4A4238 给水泵出口压力必须（**A**）锅炉的工作压力。

（A）高于；（B）低于；（C）等于；（D）低于或等于。

Je4A5239 水泵的效率是指（**C**）。

（A）轴功率/有效功率；（B）损失轴功率/有效功率；（C）有效功率/轴功率；（D）有效功率/损失轴功率。

Je4A5240 BA 型泵、SH 型泵都是（**B**）。

（A）轴流泵；（B）离心泵；（C）旋涡泵；（D）混流泵。

Je4A5241 一般高压给水泵不允许在低于要求的最小流量下长期运行，该最小流量约为额定流量的（**D**）。

（A）10%～15%；（B）15%～20%；（C）20%～25%；（D）25%～30%。

Je4A5242 在三冲量给水自动调节系统中，（**C**）是主信号。

（A）蒸汽流量；（B）给水流量；（C）汽包水位；（D）给水流量、汽包水位。

Je4A5243 （**B**）是将机械密封与迷宫密封原理结合起来的一种新型密封形式。

（A）填料密封；（B）浮动环密封；（C）金属填料密封；（D）螺旋密封。

Je4A5244 两台离心水泵串联运行，（**D**）。

（A）两台水泵的扬程应该相同；（B）两台水泵的扬程相同，总扬程为两泵扬程之和；（C）两台水泵扬程可以不同，但总扬程为两泵扬程之和的 1/2；（D）两台水泵扬程可以不同，但总扬程为两泵扬程之和。

Je4A5245 给水泵装置在除氧器下部的原因是为了防止（**B**）。

（A）振动；（B）汽蚀；（C）噪声；（D）冲击。

Je3A1246 引进型 **300MW** 汽轮机抗燃油温度低于（**B**）℃时，严禁启动油泵。

（A）5；（B）10；（C）15；（D）21。

Je3A1247 两台相同泵并联运行时，其总流量（**B**）一台泵单独工作流量的 **2** 倍。

（A）大于；（B）小于；（C）等于；（D）不一定。

Je3A1248 调速给水泵液力耦合器是通过勺管调整耦合腔内（**A**）的。

（A）工作油量；（B）润滑油量；（C）工作油压；（D）润滑油压。

Je3A1249 循环水泵的工作特点是（**A**）。

（A）流量大、扬程低；（B）流量大、扬程大；（C）流量小、扬程小；（D）扬程大、流量小。

Je3A1250 调速给水泵耦合器旋转外壳装有（**B**），能保证耦合器的安全运行。

（A）勺管；（B）易熔塞；（C）溢流阀；（D）过压阀。

Je3A1251 （**C**）的主要优点是大大减小附加的节流损失，经济性高，但装置投资昂贵。

（A）汽蚀调节；（B）节流调节；（C）变速调节；（D）可动叶片调节。

Je3A1252 水泵试运行时间应连续（**D**）h。

（A）1～2；（B）3～4；（C）5～6；（D）4～8。

Je3A2253 液力耦合器调节泵试运行中，应避免在（**B**）

额定转速范围内运行。

（A）1/3；（B）2/3；（C）1/2；（D）1/4。

Je3A2254 采用汽轮机驱动给水泵，为适应（**C**）工况，必须配置电动给水泵。

（A）运行；（B）停机；（C）点火启动；（D）事故。

Je3A2255 采用润滑脂的滚动轴承，加油量一般为油室空间容积的（**A**）。

（A）1/2～1/3；（B）1/3～1/4；（C）全部；（D）1/4～1/5。

Je3A2256 做汽动给水泵汽轮机自动超速试验时，要求进汽门在转速超过额定转速的（**B**）时，可靠关闭。

（A）4%；（B）5%；（C）6%；（D）10%。

Je3A2257 如发现运行中水泵振动超过允许值，应（**C**）。

（A）检查振动表是否准确；（B）仔细分析原因；（C）立即停泵检查；（D）继续运行。

Je3A2258 液力调速离合器是一种以油为工作介质，依靠（**A**）传递功率的变速传动装置。

（A）摩擦力；（B）液体动能；（C）液体热能；（D）液体压力能。

Je3A2259 锅炉运行过程中，机组负荷变化，应调节（**A**）流量。

（A）给水泵；（B）凝结水泵；（C）循环水泵；（D）冷却水泵。

Je3A3260 喷射泵没有运动部件，结构紧凑，工作可靠，

（**A**）。

（A）效率一般在 15%～30%；（B）无机械损失、容积损失，故效率较高；（C）效率一般偏低，在 40%～50%；（D）效率可达 90%以上。

Je3A3261 暖泵一般要达到水泵壳体上部温度与给水温度的差值在（**C**）℃，以此来判断暖泵是否充分。

（A）35；（B）20；（C）10；（D）50。

Je3A3262 给水泵流量极低保护的作用是（**B**）。

（A）防止给水中断；（B）防止泵过热损坏；（C）防止泵过负荷；（D）防止泵超压。

Je3A3263 转动机械采用强制润滑时，油箱油位在（**C**）以上。

（A）1/3；（B）1/4；（C）1/2；（D）1/5。

Je3A3264 具有暖泵系统的高压给水泵运行前要进行暖泵，暖泵到泵体上下温差小于（**A**）℃。

（A）20；（B）30；（C）40；（D）50。

Je3A3265 汽轮机运行中发现凝结水导电度增大，应判断为（**C**）。

（A）凝结水压力低；（B）凝结水过冷却；（C）凝汽器铜管泄漏；（D）凝汽器汽侧漏空气。

Je3A3266 给水流量大于蒸汽流量，蒸汽导电度增大，过热蒸汽温度下降，说明（**A**）。

（A）汽包满水；（B）省煤器损坏；（C）给水管道爆破；（D）水冷壁损坏。

Je3A3267 采用中间再热机组可提高电厂的（**B**）。

（A）出力；（B）热经济性；（C）煤耗；（D）热耗。

Je3A3268 现场开工时，工作许可人应对检修工作负责人正确说明（**B**）。

（A）设备名称；（B）哪些设备有压力、温度和爆炸危险等；（C）设备参数；（D）设备作用。

Je3A4269 在非设计工况下运行时，水泵的必需汽蚀余量与转速的（**B**）成正比。

（A）一次方；（B）平方；（C）三次方；（D）平方根。

Je3A4270 在机组负荷变化时，凝结水泵最经济的调节方式为（**D**）调节。

（A）汽蚀；（B）节流；（C）液力耦合器；（D）变频。

Je3A4271 汽包锅炉运行中，当（**C**）时，锅炉应紧急停运。

（A）再热器爆管；（B）过热器爆管；（C）所有水位计损坏；（D）省煤器泄漏。

Je3A4272 凝结水泵启动或运行时要求泵内充满水，其目的是（**D**）。

（A）防止水泵汽蚀；（B）防止水泵不出水；（C）平衡轴向推力；（D）防止轴承等动静配合部位过热而烧结损坏。

Je3A4273 深井泵启动前灌水的目的是（**D**）。

（A）排除空气；（B）防止水泵汽蚀；（C）平衡启动时轴向推力；（D）润滑轴承等动静配合部位。

Je3A4274 当机组突然甩负荷时，汽包水位变化趋势是（**B**）。

（A）下降；（B）先下降，后上升；（C）上升；（D）先上升，后下降。

Je3A4275 齿轮泵两齿轮啮合处间隙一般取（**B**）mm。

（A）0.10～0.15；（B）0.1～0.20；（C）0.15～0.2；（D）0.15～0.25。

Je3A4276 给水泵平衡盘密封面的轴向间隙一般调整为（**A**）mm。

（A）0.10；（B）0.20；（C）0.30；（D）0.40。

Je3A5277 液力耦合器工作在转速比 $i=2/3$ 时，其内部的（**D**）损失为最大。

（A）摩擦；（B）速度；（C）压力；（D）功率。

Je3A4278 高压给水泵一般采用汽动或电动调速泵，（**D**）。

（A）可以在要求的最小流量下短时运行；（B）对最小流量下运行没有限制；（C）只要不发生严重汽化，就可以尽量降低流量运行；（D）不允许在要求的最小流量下运行。

Je3A4279 电动机的转矩与外加电压的（**B**）成正比。

（A）$\sqrt{2}/2$ 倍；（B）平方；（C）$\sqrt{2}$ 倍；（D）$\sqrt{3}/2$ 倍。

Je3A4280 给水泵投入联运备用，开出口阀特别费力，并且阀门内有水流声，说明（**C**）。

（A）给水泵出口阀损坏；（B）操作阀门反向；（C）给水泵出口止回阀卡涩或损坏；（D）给水泵再循环管堵塞。

Jf5A1281 如发现有违反《电业安全工作规程》规定，并足以危及人身和设备安全者，应（**C**）。

（A）汇报领导；（B）汇报安全部门；（C）立即制止；（D）给予行政处分。

Jf5A2282 在梯子上工作时，梯子与地面的倾斜角度应为（**D**）。

（A）15°；（B）30°；（C）45°；（D）60°。

Jf5A3283 火焰烧着衣服时，伤员应该立即（**C**）。

（A）原地不动呼救；（B）奔跑呼救；（C）卧倒打滚灭火；（D）用手拍打灭火。

Jf5A4284 浓酸、强碱一旦溅入眼睛或皮肤上，首先应采用（**D**）。

（A）0.5%的碳酸氢钠溶液清洗；（B）2%稀碱液中和；（C）1%醋酸清洗；（D）清水冲洗。

Jf5A5285 浸有油类等的回丝及木质材料着火时，可用泡沫灭火器和（**A**）灭火。

（A）黄沙；（B）二氧化碳灭火器；（C）干式灭火器；（D）四氯化碳灭火器。

Jf4A1286 电气设备着火时，应先将电气设备停用，切断电源后进行灭火，灭火时禁止用水、黄沙及（**A**）灭火器灭火。

（A）泡沫式；（B）二氧化碳；（C）干式；（D）四氯化碳。

Jf4A2287 发电厂异常运行，引起全厂有功出力降低，比电力系统调度规定的有功负荷曲线降低（**C**），并且延续时间超过**1h**，应算事故。

（A）5%；（B）10%；（C）10%以上；（D）15%以上。

Jf4A3288 发供电设备、施工机械严重损坏，直接经济损失达（**C**），即构成重大事故。

（A）100万元；（B）150万元；（C）150万元以上；（D）50万元以上。

Jf4A4289 电流通过人体的途径不同，通过人体心脏的电流途径也不同，（**C**）的电流途径对人体伤害较为严重。

（A）从左手到右手；（B）从左手到脚；（C）从右手到脚；（D）从手到脚。

Jf4A4290 火力发电厂排出的烟气会造成大气污染，主要污染物是（**A**）。

（A）二氧化硫；（B）粉尘；（C）氮氧化物；（D）微量重金属微粒。

Jf3A1291 目前各工业国使用最广泛的除尘器是（**C**）。

（A）水膜式除尘器；（B）文丘里除尘器；（C）静电除尘器；（D）布袋除尘器。

Jf3A1292 运行分析工作不包括（**B**）。

（A）专业分析；（B）定期分析；（C）岗位分析；（D）专题分析。

Jf3A1293 电缆着火后，无论何种情况都应立即（**D**）。

（A）用水扑灭；（B）通风；（C）用灭火器灭火；（D）切断电源。

Jf3A2294 所有工作人员都应学会触电急救法、窒息急救法、（**D**）。

（A）溺水急救法；（B）冻伤急救法；（C）骨折急救法；
（D）人工呼吸法。

Jf3A2295 行灯电压不应超过（**C**）。
（A）12V；（B）24V；（C）36V；（D）110V。

Jf3A2296 辅助设备计划停运，可分为大修、小修和（**D**）。
（A）备用；（B）节日备用；（C）停用；（D）定期维护。

Jf3A3297 按燃用燃料的品种，锅炉可分为（**A**）、燃油锅
炉、燃气锅炉三种。
（A）燃煤锅炉；（B）燃无烟煤锅炉；（C）燃贫煤锅炉；
（D）燃烟煤锅炉。

Jf3A3298 锅炉给水品质不良，会造成水冷壁管内壁结
垢，使（**D**）。
（A）传热增强，管壁温度降低；（B）传热减弱，管壁温度
降低；（C）传热增强，管壁温度升高；（D）传热减弱，管壁温
度升高。

Jf3A4299 火电厂控制 NO_x 排放的措施可分两类：一类是
（**C**）技术措施，另一类是烟气净化技术措施。
（A）燃料；（B）低氧；（C）燃烧；（D）低温。

Jf3A4300 变频器的调速主要是通过改变电源的（**D**）来
改变电动机的转速。
（A）电压；（B）频率；（C）相位；（D）电压、频率、相
位。

4.1.2　判断题

判断下列描述是否正确,正确的在括号内打"√",错误的在括号内打"×"。

La5B1001　可以转换为电能的能量有机械能、热能两种。(×)

La5B1002　工质的状态参数有压力、流量、温度。(×)

La5B1003　理想气体的几个热力过程是等压过程、等温过程、等容过程、绝热过程。(√)

La5B1004　物质从气态变成液态的现象称为汽化。(×)

La5B1005　液体的沸点又称饱和温度。(√)

La5B2006　气体的绝对压力小于大气压力的部分称表压力;大于大气压力的部分称真空。(×)

La5B2007　液体表面部分在任意温度下进行得比较缓慢的汽化现象称为沸腾。(×)

La5B2008　在液体表面和液体内部同时进行的剧烈汽化现象称沸腾。(√)

La5B2009　液体在整个沸腾阶段不吸热,温度也不上升。(×)

La5B2010　饱和水的干度等于零。(√)

La5B2011　单位面积所受的力称为压力。(×)

La5B2012　当地大气压大多数等于 $10^5 Pa$。(×)

La5B3013　当气体压力升高、温度下降时,其体积增大。(×)

La5B3014　液面上的压力越高,液体蒸发速度越快。(×)

La5B3015　表压力是指绝对压力减去当地大气压力。(√)

La4B1016　单位体积液体在流动过程中,用于克服沿程阻力而损失的能量称为沿程损失。(×)

La4B1017　在压力管道中,由于压力急剧变化,从而造成

液体流速显著变化，这种现象称为水锤。（×）

La4B1018 物体的导热系数越大，则它的导热能力越强。
（√）

La4B2019 任一温度的水，在定压下，被加热到饱和温度
时所需的热量称汽化热。（×）

La4B2020 湿蒸汽是不饱和的。（√）

La4B2021 在办理工作票后，可以在转动的设备上校正皮
带。（×）

La4B3022 过热蒸汽的过热度越低，说明越接近饱和蒸
汽。（√）

La4B3023 若两个物体的质量不同，比热容相同，则它们
的热容量相等。（×）

La4B4024 观察流体运动的两个重要参数是压力和流量。
（×）

La4B4025 气体温度越高，气体的流动阻力越大。（√）

La3B1026 电动阀门由于与管道连接，故电动机不用使用
接地线。（√）

La3B2027 电路上负载的大小是由电源输出的功率和电
流决定的。（√）

La3B2028 对于一定质量的流体，它的密度随温度、压强
的变化而变化。（√）

La3B3029 计算机监控系统的基本功能就是为值班员提
供水泵在正常和异常工况下的各种有用信息。（×）

La3B3030 临界温度所对应的饱和压力称为临界压力。
（√）

La3B4031 异步电动机的功率因数可以是纯电阻性的。
（×）

La3B4032 温度都会随气体、液体的黏度引起变化，升高
温度，气体和液体的黏度都会减小。（×）

La3B5033 具体说，企业标准化工作就是制定企业生产活

动中的各种技术标准。（×）

La3B5034 在有可能有可燃气体的场所动火时，运行人员在动火工作票办理后，需在现场连续监测可燃气体浓度。（×）

La3B5035 黏性流体在管道内流动时产生沿程损失和局部损失。（√）

Lb5B1036 火力发电厂的蒸汽参数一般指蒸气压力和温度。（√）

Lb5B1037 火力发电厂的汽水系统由锅炉、汽轮机、发电机等设备组成。（×）

Lb5B1038 火力发电厂中的汽轮机将热能转变为电能。（×）

Lb5B1039 离心泵的水力损失有平衡机构损失、冲击损失、轴封损失等。（×）

Lb5B1040 单级离心泵平衡轴向推力的方法主要有平衡孔、平衡管、双吸式叶轮等。（√）

Lb5B1041 多级离心泵平衡轴向推力的方法主要有叶轮对称布置、采用平衡盘。（√）

Lb5B2042 改变管道阻力常用的方法是节流法。（√）

Lb5B2043 用液体传递扭矩的联轴器称为挠性联轴器。（×）

Lb5B2044 泵的输入功率是原动机传到泵轴上的功率，一般称为有效功率。（×）

Lb5B2045 泵的效率是有效功率与轴功率之比。（√）

Lb5B2046 单位能量液体通过水泵后所获得的重量称扬程。（×）

Lb5B3047 离心泵按泵壳结合面位置形式分类，可分为水平中开式和垂直分段式。（√）

Lb5B3048 凝结水泵水封环的作用是阻止泵内的水漏出。（×）

Lb5B3049 凝结水泵安装在热井下面一定距离处的目的

是防止凝结水泵汽化。（√）

Lb5B3050 阀门按流体的压力可分成真空门、低压门、中压门、高压门。（√）

Lb5B4051 节流门阀芯通常是圆锥流线型的。（√）

Lb5B4052 随着海拔高度的升高，水泵的吸上高度也升高。（×）

Lb5B4053 汽蚀余量小，泵运行的抗汽蚀性能就好。（×）

Lb5B4054 水泵的扬程、效率、功率和流量变化关系构成水泵的三条主要特性曲线。（√）

Lb5B4055 火力发电厂的主要燃料有煤、油、气三种。（√）

Lb5B5056 火力发电厂主要生产系统有蒸汽系统、燃烧系统、电气系统。（×）

Lb5B5057 凡经过净化处理的水都可以作为发电厂的补给水。（×）

Lb5B5058 离心泵按叶轮出来的水引向压出室的方式可分为蜗壳泵和导向泵。（√）

Lb5B5059 水泵的性能曲线与管路的特性曲线相交点是水泵工作的最佳点。（×）

Lb5B5060 离心泵的机械损失有轴承摩擦损失和轴封、叶轮圆盘摩擦损失。（√）

Lb4B1061 用液体来传递扭矩的联轴器称为液力耦合器。（√）

Lb4B1062 对通过热流体的管道进行保温是为减少热损失和环境污染。（√）

Lb4B1063 自动调节系统的测量单元一般由传感器和变送器两个环节组成。（√）

Lb4B1064 导向支架除承受管道重量外，还能限制管道的位移方向。（√）

Lb4B1065 汽轮发电机组每生产 1kW·h 的电能所消耗的热量叫热效率。（×）

Lb4B1066　金属材料的性质是耐拉不耐压,所以当压应力大时,危险性较大。(×)

Lb4B2067　当物体冷却收缩受到约束时,物体内产生压缩应力。(×)

Lb4B2068　热力循环的热效率是评价循环热功转换效果的主要指标。(√)

Lb4B2069　管道外部加保温层的目的是减少管道的热阻,增强热量的传递。(×)

Lb4B2070　管子外壁加装肋片(俗称散热片)的目的是使热阻增大,传递热量减小。(×)

Lb4B3071　锅炉额定参数是指锅炉过热器出口的压力和温度。(√)

Lb4B3072　两台水泵串联运行的目的是为了提高扬程或是为了防止泵的汽蚀。(√)

Lb4B3073　水泵并联工作的特点是每台水泵所产生的扬程相等,总流量为每台水泵流量之和。(√)

Lb4B3074　润滑轴承的润滑方式有自身润滑和强制润滑两种。(√)

Lb4B3075　泵进口处液体所具有的能量与液体发生汽蚀时具有的能量之差称为汽蚀余量。(√)

Lb4B4076　评定热工自动装置调节过程中的三个指标是稳定性、准确性和快速性。(√)

Lb4B4077　离心泵叶轮固定方法一般采用键和螺母。(√)

Lb4B4078　离心泵的 $Q-H$ 曲线为连续下降的,才能保证水泵连续运行的稳定性。(√)

Lb4B4079　水泵入口处的汽蚀余量称为装置汽蚀余量。(√)

Lb4B4080　铂铑—铂热电偶适用于高温测量和作标准热电偶使用。(√)

Lb4B5081　自动控制系统的执行器按驱动形式不同,分为

气动执行器、电动执行器和液动执行器。（√）

Lb4B5082 0.5 级仪表的精度比 0.25 级仪表的精度低。（√）

Lb4B5083 锅炉设备的热损失中最大的一项是锅炉散热损失。（×）

Lb4B5084 采用标准节流装置测量流量时，要求流体可不充满管道，但要连续稳定流动，节流件前流线与管道轴线平行，并无旋涡。（×）

Lb4B5085 弹簧管压力表内装有游丝，其作用是用来克服扇形齿轮和中心齿轮的间隙所产生的仪表变差。（√）

Lb3B1086 轴流泵可用改变叶片安装角的办法来调节扬程。（×）

Lb3B1087 为了保证给水泵的各轴承冷却，把润滑油温调得低一些更好。（×）

Lb3B1088 产生水锤时，压力管道中流体任意一点的流速和压强都随时间而变化。（√）

Lb3B1089 油系统中，轴承的供油压力就是润滑油泵出口压力。（×）

Lb3B1090 离心泵采用机械密封结构，轴封摩擦损失与其他各项损失相比所占比重很小。（√）

Lb3B2091 滚动轴承一般不用于承受轴向力或承受部分轴向力。（√）

Lb3B2092 调速给水泵的转速和耦合器增速齿轮的转速一样。（×）

Lb3B2093 推力瓦非工作面瓦块，它是专用于转子轴向定位的。（×）

Lb3B2094 切割叶轮的外径将使泵与风机的流量、扬程、功率降低。（√）

Lb3B3095 当泵的转速改变时，流量不变，扬程及输出功率将随之改变。（×）

Lb3B3096　分段多级离心泵采用平均盘的平衡机构,能使离心泵的效率降低 3%～6%。(√)

Lb3B3097　由水泵的 $Q—H$ 曲线中可以得知,工作点的扬程大于流量等于零时对应的扬程时,水泵才能稳定运行。(×)

Lb3B3098　水泵转子在水中的第一临界转速要比空气中的第一临界转速高。(√)

Lb3B4099　水泵的 $q_v—H$ 曲线越陡,运行效率就越高。(×)

Lb3B4100　国内外大容量机组的给水泵均装有前置泵,其目的是为了增加液体在给水泵进口的压力,防止汽蚀。(√)

Lb3B4101　液力耦合器中,为维持液体的循环运动,泵轮与涡轮必须以不同的速度旋转。(√)

Lb3B4102　液体在离心吸入室中的水力损失会影响到它的汽蚀性能。(×)

Lb3B4103　给水泵流量小到给定值时,给水泵再循环将自动打开,其目的是保证给水泵不发生汽蚀。(√)

Lb3B4104　水泵机械损失最大的是叶轮圆盘摩擦损失。(√)

Lb3B4105　采用螺旋密封的给水泵,在静止状况下,密封不应漏水。(×)

Lb3B5106　离心泵叶轮 D_2 越大,圆盘摩擦损失功率 ΔP_{df} 越大。(√)

Lb3B5107　给水泵平衡盘背压升高,是由于轴套磨损而引起间隙的增大。(√)

Lb3B5108　液力耦合器主要是起到联轴器的作用。(×)

Lb3B5109　给水泵液力耦合器冷油器前的工作油油温升到 100℃,认为液力耦合器存在问题,需立即停泵。(×)

Lb3B5110　立式凝结泵采用机械密封,其密封水排到凝结器,密封水排水门前密封水压可调整为负压。(×)

Lc5B1111　我国电力网的额定频率为 60Hz;发电机的额

定转速为 3000r/min。（×）

Lc5B2112 电力系统负荷可分为有功负荷和无功负荷。（√）

Lc5B2113 EH 油系统的执行机构是油动机。（√）

Lc5B2114 闸阀和截止阀使用时可以互相替代。（×）

Lc5B3115 厂用电是指发电厂辅助设备、辅助车间用电，不包括生产照明用电。（×）

Lc5B3116 在金属容器内工作时，必须使用 36V 以下的电气工具。（×）

Lc5B3117 工作票开工前，工作许可人必须同工作负责人一起检查措施的执行情况。（√）

Lc5B3118 汽轮机是由汽缸、转子、轴承等部件组成的。（√）

Lc5B4119 "安全第一、预防为主"是电力生产的方针。（×）

Lc5B5120 安全电压的规范是 36、24、12V。（√）

Lc4B1121 交流电在 1s 内完成循环的次数叫频率。（√）

Lc4B1122 安全色规定为红、蓝、黄、绿四种颜色，其中黄色是指禁止和必须遵守的规定。（×）

Lc4B2123 电流对人体的伤害形式主要有电击和电伤两种。（√）

Lc4B2124 烧伤主要分为热力烧伤、化学烧伤、电烧伤和放射性物质灼伤四种类型。（√）

Lc4B3125 发电厂中低压厂用供电系统，一般多采用三相四线制，即 380/220V。（√）

Lc4B3126 部分电气设备的金属外壳可以不用接地装置。（×）

Lc4B3127 高压加热器的投入可降低煤耗。（√）

Lc4B4128 一般油的燃点温度比闪点温度高 3～6℃。（√）

Lc4B5129 电动机额定电压是指在额定工作方式下的线

电压。（√）

Lc4B4130 遇到电气设备着火，应立即用干式灭火器灭火。（×）

Lc3B1131 所有机组采用中间再热循环均可提高其经济性。（×）

Lc3B1132 汽轮机在运行中，凝汽器内的真空是由抽气器建立的。（×）

Lc3B2133 发电厂的技术经济指标主要是发电量、供电煤耗和厂用电率三项。（√）

Lc3B3134 二氧化碳灭火器常用于大型浮顶油罐和大型变压器的灭火。（×）

Lc3B3135 胶球系统收球率达到80%即可。（×）

Lc3B4136 对同一种流体，其密度随温度和压力的变化而变化。（√）

Lc3B4137 300MW 机组的真空严密性应达到277Pa/min。（√）

Lc3B4138 汽轮机机械超速的动作转速为额定转速的 1.1～1.13 倍。（×）

Lc3B5139 电力事故造成直接经济损失 1000 万元以上者构成重大事故。（×）

Lc3B5140 制氢设备氢气系统中，氢气纯度应大于96%。（×）

Jd5B1141 同一循环中,热效率越高,则循环功越大。（√）

Jd5B1142 流体在管道中的阻力分沿程阻力和局部阻力两种。（√）

Jd5B1143 离心泵叶轮主要由叶片、盖板组成。（×）

Jd5B2144 离心泵的基本特性曲线有：流量—扬程曲线、流量—速度曲线、流量—效率曲线。（×）

Jd5B2145 常见的联轴器有刚性联轴器、挠性联轴器。（×）

Jd5B2146 滚动轴承由内圈、外圈、滚动体组成。（×）

Jd5B3147 螺杆泵、齿轮泵、旋涡泵的特点是自吸性能差。（×）

Jd5B3148 轴功率与泵的有效功率之差是泵的损失功率。（√）

Jd5B3149 水泵是把原动机的电能转变为水的动能、压力能、位能的一种设备。（×）

Jd5B4150 液力联轴器的特点是传动平稳、转速持续可调、有级调节。（×）

Jd5B4151 当离心泵的叶轮尺寸不变时，水泵的流量与转速的二次方成正比。（×）

Jd5B4152 离心泵的叶轮分为开式、半开式、封闭式。（√）

Jd5B5153 水泵吸入高度越高，入口的真空度越高。（√）

Jd5B5154 循环水泵通常采用比转速较小的离心泵或轴流泵。（×）

Jd5B5155 公称压力是指阀门在规定温度下的最大允许工作压力。（×）

Jd4B1156 两台水泵串联运行时，流量必然相同，总扬程等于两泵扬程之和。（√）

Jd4B1157 两台水泵并联运行时，流量相等，扬程相等。（×）

Jd4B2158 管道的工作压力小于管道的试验压力，管道的试验压力小于管道的公称压力。（×）

Jd4B2159 动圈式温度表中的张丝除了产生反作用力矩和起支撑轴的作用外，还起导电作用。（√）

Jd4B3160 发电厂所有锅炉的蒸汽送往蒸汽母管，再由母管引到汽轮机和其他用汽处，这种系统称为集中母管制系统。（√）

Jd4B3161 螺杆泵是其中一种容积泵。（√）

Jd4B3162 锅炉本体设备是由汽水系统、燃烧系统和辅助

设备组成的。（×）

Jd4B4163 锅炉汽压调节的实质是调节锅炉的燃烧。（√）

Jd4B4164 汽轮机机械效率表示了汽轮机的机械损失程度，汽轮机的机械效率一般为 90%。（×）

Jd4B4165 液力耦合器的勺管通过控制涡轮内的进油量来控制转速。（×）

Jd4B5166 目前大多数电厂中的冷却水系统均采用闭式循环，故系统内的水不会减少，也不需要补水。（×）

Jd4B5167 火力发电厂的循环水泵一般采用大流量、高扬程的离心式水泵。（×）

Jd4B5168 水环式真空泵，是将工作介质水的动能转换成压力能，用于压缩气体，从而达到抽送气体的目的。（√）

Jd4B5169 泵的入口应尽量增大管道直径，以降低流速，同时减少弯头，可提高有效汽蚀余量。（√）

Jd4B5170 比转速达到 500～1000 时为轴流泵。（√）

Jd3B1171 当离心泵叶轮的尺寸一定时，流量与转速成正比。（√）

Jd3B2172 离心泵吸入饱和液体时，吸上高度必须为正值。（×）

Jd3B3173 泵的吸上高度随着泵安装地点的大气压力减少而减少。（√）

Jd3B4174 绝对误差和相对误差一样，能够正确地表示仪表测量的精确程度。（×）

Jd3B4175 凝结水泵空气管接到凝汽器汽侧。（√）

Jd3B4176 除氧器再沸腾管是为了除去给水中的氧。（×）

Jd3B4177 胶球系统选用的胶球直径，要比凝汽器管直径要小，否则会造成堵塞。（×）

Jd3B4178 立式轴流循环泵一般不设止回门，因此备用状态出口门应全开。（×）

Jd3B4179 给水泵汽轮机和给水泵连接一般采用刚性连

接。（×）

Jd3B4180　螺旋密封的给水泵，其卸荷水回凝汽器。（×）

Je5B1181　给水泵是将除氧器内的饱和水直接送到锅炉。
（×）

Je5B1182　离心泵启动前必须先灌满水，目的是排尽泵内
的空气。（√）

Je5B1183　给水泵的滑销系统可有可无。（×）

Je5B1184　水泵运行中红灯开关不亮（灯泡不坏），该泵
可能停不下来。（√）

Je5B1185　电动机运行中，主要监视检查项目有电流、温
度、声音、振动、气味和轴承工作情况。（√）

Je5B1186　给水泵的润滑油系统主要是由主油泵、润滑油
泵、油箱组成的。（×）

Je5B1187　管道的试验压力为工作压力的 1.5～2 倍。（×）

Je5B2188　关断用阀门有截止阀和闸阀两种，在较小管道
中采用截止阀，在蒸汽和大直径汽水管道上采用闸阀。（√）

Je5B2189　水泵的型号仅仅是名称，没有什么意义。（×）

Je5B2190　轴流泵在小流量时容易引起原动机过载。（√）

Je5B2191　阀门的工作压力就是阀门的公称压力。（×）

Je5B2192　齿轮泵在运行中不允许关闭出口阀门，在启动
和停止时只操作进口阀门。（√）

Je5B2193　止回门不严的给水泵不得投入运行，但可作备
用。（×）

Je5B3194　给水泵的正暖泵是由泵的出口进入，经泵的进
口流出。（×）

Je5B3195　备用泵开关灯不亮（灯泡不坏），不影响该泵
作备用。（×）

Je5B3196　运行中的给水泵发生汽化时，应立即增加流
量。（×）

Je5B3197　在开启大直径的阀门前，首先要开旁路门的目

的是避免损坏阀门。（×）

Je5B3198 水泵密封环的作用是防止磨损叶轮。（×）

Je5B3199 轴流泵一般适用于大流量、低扬程的供水。（√）

Je5B3200 汽轮机透平油颗粒度合格为 NAS 8 级。（×）

Je5B4201 水泵叶轮损坏都是由于汽蚀造成的。（√）

Je5B4202 给水泵、凝结水泵、循环水泵三种泵中，循环水泵比转速最大。（√）

Je5B4203 水泵的平衡盘是用以平衡转子的轴向推力的。（√）

Je5B4204 给水泵入口法兰漏水时，应进行紧急故障停泵。（×）

Je5B4205 当电动给水泵发生倒转时，应立即合闸启动。（×）

Je5B4206 轴流泵启动有闭阀启动和开阀启动两种方式，主泵与出口阀同时启动为开阀启动。（×）

Je5B4207 所有作为联动备用泵的出口门必须在开足状态。（×）

Je5B5208 离心泵启动的空转时间不允许过长，通常以 2～4min 为限，目的是防止水温升高而发生汽蚀。（√）

Je5B5209 运行中给水泵电流表摆动，流量表摆动，说明该泵已发生汽化，但不严重。（√）

Je5B5210 轴功率为 1MW 的水泵可配用 1MW 的电动机。（×）

Je5B5211 正常运行中，氢侧密封油泵可短时停用，进行消缺。（√）

Je5B5212 闸阀适用于流量、压力、节流的调节。（×）

Je5B5213 电动阀门在空载调试时，开、关位置不应留信息量余量。（×）

Je5B5214 机组正常运行时，密封油真空泵组可以停用，

且不需要对氢气、密封油箱油位进行特别监视。（×）

Je5B4215 为保证 EH 油的品质，其 EH 油再生装置应尽量连续投运。（×）

Je4B1216 循环水泵轴承冒烟，应立即启动备用泵，再停止故障泵。（√）

Je4B1217 水泵的工作点是 $Q—H$ 性能曲线的上升段能保证水泵的运行稳定。（×）

Je4B1218 用硬、软两种胶球清洗凝汽器的效果一样。（×）

Je4B1219 一般每台汽轮机均配有两台凝结水泵，每台凝结水泵的出力都必须等于凝汽器最大负荷时的凝结水量。（√）

Je4B1220 为检查管道及附件的强度而进行水压试验所选用的压力称试验压力。（√）

Je4B1221 驱动给水泵的给水泵汽轮机具有多种进汽汽源。（√）

Je4B1222 运行中发现凝结水泵电流摆动，压力摆动，即可判断是凝结水泵损坏。（×）

Je4B1223 提高除氧器的布置高度，设置再循环管的目的都是为了防止给水泵汽化。（√）

Je4B2224 汽动给水泵若要隔离，则给水泵前置泵必须停用。（√）

Je4B2225 轴流泵应在开启出口阀的状态下启动，因为这时所需的轴功率最小。（√）

Je4B2226 凝结水泵加盘根时应停电，关闭进出口水门，密封水门即可检修。（×）

Je4B2227 电动机在运行中，允许电压在额定值的-5%～+10%范围内变化时，电动机出力不变。（√）

Je4B2228 节流门的门芯多数是圆锥流线型的。（√）

Je4B2229 由给水泵出口到高压加热器的这段管道称为高压给水管道系统。（×）

Je4B2230 水泵密封环的作用是分隔高压区与低压区，以减少水泵的容积损失，提高水泵的效率。（√）

Je4B2231 管道试验压力约为工作压力的 1.25～1.5 倍。（√）

Je4B2232 闸阀的作用是调节介质的压力。（×）

Je4B2233 转动机械的滚动轴承的温度安全限额为不允许超过 100℃。（√）

Je4B3234 轴流泵的工作特点是流量大、扬程大。（×）

Je4B3235 电动机两相运行时，电流表指示到零。（×）

Je4B3236 汽轮机高压油大量漏油，引起火灾事故，应立即启动高压油泵停机。（×）

Je4B3237 循环水泵轴颈损坏的主要原因是振动。（×）

Je4B3238 给水泵中间抽头的水可作为锅炉过热器的减温水。（×）

Je4B3239 齿轮联轴器一般用在循环水泵上。（×）

Je4B3240 加热器的疏水采用疏水泵排出的优点是疏水可以利用。（×）

Je4B3241 给水泵发生倒转时应关闭入口门。（×）

Je4B3242 水泵采用诱导轮的目的是防止冲击。（×）

Je4B4243 两台相同泵并联运行时，其扬程等于一台泵单独工作时流量的 2 倍。（×）

Je4B4244 利用管道自然弯曲来解决管道热膨胀的方法，称为冷补偿。（×）

Je4B4245 给水泵启动前，首先启动主油泵。（×）

Je4B4246 轴流泵的功率，随着流量的增加而减少。（√）

Je4B5247 给水泵进口门不严密时，严禁启动给水泵。（×）

Je4B5248 在隔绝给水泵时，在最后关闭进口门过程中，应密切注意泵不倒转，否则不能关闭进口门。（×）

Je4B5249 循环水泵在运行中，入口真空异常升高，是由

于循环水泵入口温度降低。（×）

Je4B5250　汽轮机启动前，先启动润滑油泵，运行一段时间后再启动高压调速油泵，其目的主要是使各轴瓦充油。（×）

Je3B1251　某一台泵在运行中发生了汽蚀，在同一条件下换了另一种型号的泵，同样也会汽蚀。（×）

Je3B1252　调速给水泵耦合器旋转外壳装有易熔室，是为了保证耦合器的安全运行。（√）

Je3B4253　给水泵投入联动备用，开出口阀特别费力，并且阀门内有水流声，说明给水泵出口止回阀卡涩或损坏。（√）

Je3B1254　值班人员可以仅根据红、绿指示灯全灭来判断水泵已断电。（×）

Je3B2255　闸阀只适用于在全开、全关的位置作截断流体使用。（√）

Je3B2256　离心泵叶轮上开平衡孔的作用是平衡叶轮的质量。（×）

Je3B2257　两台水泵并联运行时，流量相等，扬程相等。（×）

Je3B2258　循环水泵跳闸后倒转，应立即关闭出口水门。（√）

Je3B2259　调速给水泵设置前置泵的目的是防止冲击。（×）

Je3B3260　采用润滑脂的滚动轴承，加油量一般为油室空间容积的 1/2～1/3。（√）

Je3B4261　给水泵、前置泵或电动机振动达 0.06mm 时，应紧急停泵。（×）

Je3B3262　汽蚀调节的主要优点是大大减小附加的节流损失，经济性高，但装置投资昂贵。（×）

Je3B3263　给水泵出口再循环管的作用是防止给水泵在空负荷时泵内产生轴向推力。（×）

Je3B3264　螺旋密封是将机械密封与迷宫密封原理结合

起来的一种新型密封形式。（×）

Je3B4265 给水泵停用检修，在关闭入口阀时要特别注意入口压力的变化，防止出口阀不严造成检修人员烫伤。（×）

Je3B4266 采用汽轮机驱动给水泵，为适应事故工况，必须配置电动给水泵。（×）

Je3B4267 在正常流量范围内，若要提高泵的扬程，可采用削尖叶片出口背面以增大有效出口角的方法。（√）

Je3B5268 给水泵出口管道检修完，在投入运行前需排出管内的空气，主要是防止管道腐蚀。（×）

Je3B5269 给水泵出口母管水压过低或无压力时，启动给水泵，为简便操作，可投入联动状态启动。（×）

Je3B5270 在泵内不充水时，测定泵在空转时所消耗的功率，即为机械损失所消耗的功率。（√）

Jf5B1271 发电厂的转动设备和电气元件着火时，不准使用二氧化碳灭火器。（×）

Jf5B1272 发电厂电气设备着火时，不能使用二氧化碳灭火器灭火。（×）

Jf5B1273 进入凝汽器内工作时，应使用 36V 行灯。（×）

Jf5B2274 灭火的基本方法有隔离、窒息、冷却、抑制。（√）

Jf5B2275 禁止在起重机起吊的重物下停留或通过。（√）

Jf5B2276 润滑油系统阀门禁止使用铸铁阀门。（√）

Jf5B2277 紧急救护法有触电急救、创伤急救（止血、骨折急救、颅脑伤、烧伤急救、冻伤急救）。（√）

Jf5B3278 机组运行时，可以采用断开半边凝结器，进行凝结器查漏工作。（√）

Jf5B3279 事故放油门应设在离油箱较近的地方。（×）

Jf5B4280 转动设备在运行时，检修人员在办理工作票后可将对轮防护罩拆下。（×）

Jf4B1281 油达到闪点温度时只闪燃一下，不能连续燃

烧。（√）

Jf4B2282 消防工作的方针是以消为主，以防为辅。（×）

Jf4B3283 我国规定的安全电压有 42、36、24、12V 四个等级。（×）

Jf4B4284 气力除灰系统一般用来输送灰渣。（×）

Jf4B4285 汽轮机专业人员，必须熟知 DEH 的控制逻辑、功能及运行操作。（√）

Jf4B5286 通畅气道、人工呼吸和胸外心脏按压是心肺复苏法支持生命的三项基本措施。（√）

Jf4B5287 水力除灰管道停用时，应从最低点放出管内灰浆。（√）

Jf4B5288 目前汽轮机大多采用测量轴振的方法，测量位置为垂直、水平。（×）

Jf4B5289 超速试验规程的要求，机组冷态启动带 25％额定负荷（或制造要求），运行 3～4h 后立即进行超速试验。（√）

Jf4B5290 新投产的机组必须进行甩负荷试验。（√）

Jf3B1291 室内着火时，应立即打开门窗以降低室内温度进行灭火。（×）

Jf3B2292 运行主要管理制度的内容是工作票管理与操作票管理。（×）

Jf3B3293 班组技术管理的主要任务是班组建设、基础工作和基本功。（√）

Jf3B4294 防止火灾的基本方法是控制可燃物、隔绝空气、消除火源、阻止火势及爆破波的蔓延。（√）

Jf3B4295 汽轮机油油质合格、抗燃油油质接近合格时，可启动机组后，继续滤油，直到合格。（×）

Jf3B4296 机组运行稳定时，可以不进行阀门活动试验。（×）

Jf3B5297 工业控制计算机可对生产过程进行事故预报、处理，控制各种设备的自动启停等。（√）

Jf3B5298 汽轮机润滑油回油管道可以使用耐油橡胶垫。（×）

Jf3B5299 靠近高温管道、阀门等热体的电缆应有隔热措施。（√）

Jf3B5300 除氧器和其他压力容器安全阀的总排放能力，应能满足关断主进汽门后不超压。（×）

4.1.3　简答题

La5C1001　什么叫绝对压力、表压力？两者有何关系？

答：容器内工质本身的实际压力称为绝对压力，用符号 p 表示。工质的绝对压力与大气压力的差值为表压力，用符号 p_g 表示。表压力就是表计测量所得的压力。大气压力用符号 p_a 表示，绝对压力与表压力之间的关系为

$$p=p_g+p_a$$

La5C1002　何谓热量，热量的单位是什么？

答：热量是依靠温差而传递的能量。热量的单位是焦耳（J）或千焦耳（kJ）。

La5C1003　什么叫真空？

答：当容器中的压力低于大气压时，把低于大气压力的部分称为真空，用符号 p_v 表示。其关系式为

$$p_v=p_a-p$$

式中　p——绝对压力；

p_a——大气压力。

La5C1004　什么叫热机？

答：把热能转变为机械能的设备称为热机，如汽轮机、内燃机、蒸汽机、燃气机等。

La5C1005　什么叫机械能？

答：物质整体做有规律的运动称为机械运动，物质机械运动所具有的能量叫机械能。

La5C1006　什么叫比体积和密度？

答：单位质量工质所占的体积称为比体积，以 v 表示。

$$v = \frac{V}{m} \quad \text{m}^3/\text{kg}$$

比体积的倒数，即单位体积内所具有的工质的质量，称为密度，以 ρ 表示。

$$\rho = \frac{m}{V} \quad \text{kg}/\text{m}^3$$

比体积和密度互为倒数。比体积越大，表明物质越轻；密度越大，表明物质越重。

La5C2007　什么叫等压过程？

答：工质的压力保持不变的过程称为等压过程，如锅炉中水的汽化过程、乏汽在凝汽器中的凝结过程、空气预热器中空气的吸热过程等。

La5C2008　何谓状态参数？

答：表示工质状态特征的物理量称为状态参数。工质的状态参数有压力、温度、比体积、焓、熵、内能等。

La5C2009　什么是正弦交流电？

答：电压、电流等物理量的大小和方向均随时间按照正弦规律变化的电称为正弦交流电。

La4C1010　什么叫沸腾？

答：在液体表面和液体内部同时进行的剧烈汽化现象叫沸腾。

La4C2011　什么叫真空度？

答：真空度是真空值和大气压力比值的百分数，即

$$真空度 = \frac{p_v}{p_a} \times 100\%$$

式中　p_v ——真空值；

　　p_a ——大气压力。

发电厂常用真空度表示真空的优劣，以减少大气压力对真空的影响。

La4C2012　何谓比热容？

答：单位数量（质量或体积）的物质温度每升高或降低 1℃ 时所吸收或放出的热量称为该物质的比热容，以符号 c 表示。

La4C2013　何谓能量守恒与转换定律？热力学第一定律的实质是什么？

答：能量守恒与转换定律是指：自然界中一切物质都具有能量，能量既不能被创造，也不能被消灭；但可以从一种形式转换成另一种形式，在能量的转换过程中，能的总量保持不变。能量转换与守恒定律是一切自然现象所普遍遵守的基本规律之一。

热力学第一定律的实质是能量守恒与转换定律在热力学上的一种特定应用形式。它表明热能与其他形式的能量之间可以互相转换，在转换过程中能的数量保持守恒。

La4C2014　什么叫相电压、线电压？

答：相电压为发电机（变压器）的每相绕组两端的电压，即相线与中性线之间的电压。线电压为线路任意两个相线之间的电压。

La4C3015　什么叫相电流、线电流？

答：相电流为每相绕组中的电流；线电流为相线中的电流。

La3C2016　什么是节流？什么是绝热节流？绝热节流的

基本方程式是什么？

答：工质在管内流动时，通道界面突然缩小，使工质压力降低的现象称为节流。节流过程中如果工质与外界没有进行热交换，则称为绝热节流。绝热节流的基本方程式为

$$h_1=h_2$$

该式表明绝热节流前后流体焓值相等。

La3C3017　什么叫大气压？什么是标准大气压？

答：由于大气层自身的重量而形成的压力称为大气压。大气压力随着各地的纬度、高度、气候条件和时间的变化而变化。标准大气压（物理大气压）（atm）是以纬度 45°的海平面上的常年平均大气压的数值为压力单位，其值为 760mmHg，则

$$1atm=760mmHg=1.01325\times10^5Pa。$$

La3C3018　黏性流体在通道中流动时的阻力有哪几类？

答：黏性流体在通道中流动时的阻力可以分为沿程阻力和局部阻力两大类。沿程阻力又称沿程损失，是发生在整个流程中的能量损失，是由流体的黏性力造成的损失。局部阻力又称局部损失，是发生在流动状态急剧变化的急变流中的能量损失，是由于流体微团发生碰撞、产生旋涡等原因在管件附近的局部范围内所造成的能量损失。

La3C3019　局部流动损失是怎样形成的？

答：在流动的局部范围内，由于边界的突然改变，如管道上的阀门、弯头、过流断面形状或面积等的突然变化，使得液体流动速度的大小和方向发生剧烈的变化，质点剧烈碰撞形成旋涡消耗能量，从而形成流动损失。

La3C4020　电力工业技术管理的任务是什么？

答：电力工业技术管理的任务是：

（1）保证全面完成和超额完成国家的生产和基建计划。

（2）保证电力系统安全经济运行和人身安全。

（3）保证所供电（热）能符合质量标准，频率、电压（汽、水的温度、压力）的偏移在规定范围内。

（4）合理使用燃料和水资源，不断节约能源，降低成本和提高劳动生产率。

（5）水力发电厂应统筹兼顾防洪、灌溉、航运、渔业、供水等的综合利用。

（6）满足国家对环境保护的要求。

La3C4021　什么叫温度？热力学温度和摄氏温度的关系是什么？

答：温度是物体冷热程度的度量。从分子运动论的观点看，温度表示分子运动平均动能的大小。物体分子运动的平均动能越大，它的温度越高；物体分子运动的平均动能越小，它的温度越低。热力学温度（K）和摄氏温度（℃）关系是 $T = t + 273.15$，两种温标的温度间隔完全相同，只是起点不同。

Lb5C1022　什么是泵？

答：泵是用来把原动机的机械能转变为液体的动能和压力能的一种设备。泵一般用来输送液体，可以从位置低的地方送到位置高的地方，或者从压力低的容器送到压力高的容器。

Lb5C1023　在火力发电厂中哪种形式的泵应用最为广泛？为什么？

答：在火力发电厂中，离心式水泵应用最为广泛。因为离心泵不仅使用范围广，而且具有转速高、结构紧凑、分别操作、运行可靠、在设计工况下效率高等优点。

Lb5C1024　根据用途阀门可分为哪几类？

答：根据阀门用途可分为三大类：

（1）关断阀门。如闸阀、截止阀、球阀和旋塞等。

（2）调节阀门。如节流阀、调节阀、减压阀、疏水器等。

（3）保护阀门。如止回阀、安全阀、快速关闭阀等。

Lb5C1025　火电厂常用的主要泵有哪几种？

答：给水泵、凝结水泵、循环水泵是发电厂最主要的三种水泵。

Lb5C1026　凝结水泵的作用是什么？

答：凝结水泵的作用是将凝汽器热井内的凝结水升压后送至回热系统。

Lb5C3027　给水泵的任务及特点是什么？

答：给水泵的任务是把除氧器水箱内具有一定温度、除过氧的给水，提高压力后输送给锅炉，以满足锅炉用水的需要。

给水泵的特点包括以下三点：

（1）大容量。随着机组容量的增加，给水泵的容量也在不断增加。

（2）高转速。提高给水泵的转速可以减少水泵级数，提高水泵扬程。

（3）高性能。随着科学技术的发展，给水泵逐步实现了高效率、高度自动化和高可靠性。

Lb5C3028　水泵为什么会发生轴向窜动？

答：水泵正常运行中窜动极小，一般很难看出来，对具有平衡盘的泵，在泵启动或停止时，平衡盘不起定位的作用，发生窜动，假如平衡盘磨损，转子会逐渐向入口移动，趋于新的工作位置，长时间磨损后能看得出来。

滚动轴承定位的水泵窜动的原因有两点：

（1）轴承没被端盖压紧。

（2）推力轴承损坏。

Lb5C4029　何谓凝结水泵低水位运行？其有何优缺点？

答：利用凝结水泵的汽蚀特性来自动调节凝汽器水位的运行方式，称为低水位运行。当进水水位降低，以至于使凝结水泵发生汽蚀时，凝结水泵疏水量即减少，进水水位逐渐升高；进水水位逐渐升高后，消除了水泵汽蚀现象，凝结水泵正常疏水；水泵工作正常后，再次出现水泵进水水位降低现象，如此不断重复上述过程，靠汽蚀特性来调节凝汽器水位。

其优点是简化了运行设备，减少了水位自动调节装置，减少了值班人员的操作，并且提高了运行的可靠性，又节省了电力；其缺点是凝结水泵经常在汽蚀条件下运行，对水泵叶轮要求较高，且噪声和振动大，影响水泵的寿命。

Lb5C4030　凝结水泵为什么要装有空气管？

答：因为凝结水泵在真空情况下运转，把水从凝汽器中抽出时，凝结水泵很容易漏入空气。装设空气管后，凝结水泵内少量的空气，可通过空气管排入凝汽器，不会使空气聚集在凝结水泵内部而影响凝结水泵工作。

Lb5C5031　水泵启动时打不出水的原因有哪些？

答：水泵启动时打不出水的原因有：

（1）叶轮或键损坏，不能正常地把能量传给流体。

（2）启动前泵体内未充满水或漏气严重。

（3）水流通道堵塞，如进、出水阀阀芯脱落。

（4）并联运行的水泵出口压力小于母管压力，水顶不出去。

（5）电动机接线错误或电动机两相运行。

Lb5C5032　给水泵平衡盘压力变化的原因有哪些？

答：给水泵平衡盘压力变化的原因包括以下几点：

（1）给水泵进口压力变化。

（2）平衡盘磨损。

（3）给水泵节流衬套间隙（即平衡盘与平衡圈径向间隙）增大。

（4）给水泵内水汽化。

Lb4C1033　水泵的型号一般如何表示？

答：水泵的型号相当繁杂且不统一，常用的水泵型号由三个部分组成，每部分的含义如下：

（1）第一部分为数字，它表示缩小到原来的 1/25 的吸水管直径（mm）。

（2）第二部分取汉语拼音第一个字母，表示水泵的结构类型。

（3）第三部分为数字，它表示缩小到原来的 1/10，并化为整数的比转速。

Lb4C1034　什么叫汽化热？

答：饱和水的定压、定温汽化过程所需热量，即从饱和水加热变成干饱和蒸汽所需加入的热量称为汽化热。

Lb4C1035　减少汽、水流动损失的方法大致有哪些？

答：（1）尽量保持汽水管路系统阀门全开状态，减少不必要的阀门和节流元件。

（2）合理选择管道直径和进行管道布置。

（3）采取适当技术措施，减少局部阻力。

（4）减少涡流损失。

Lb4C2036　泵根据用途可分为哪几类？

答：按在生产中的用途不同，可分为给水泵、凝结水泵、循环水泵、疏水泵、油泵等。

Lb4C2037　异步电动机的铭牌参数都包括哪些？写出三相异步电动机功率表达式。

答： 异步电动机铭牌参数包括：额定功率 P_N，单位是 W 或 kW；额定电压 U_N，单位是 V 或 kV；额定频率 f，单位是 Hz；额定电流 I_N，单位是 A；额定转速 n_N，单位是 r/min。对于三相异步电动机，功率表达式为

$$P_N = \sqrt{3} U_N I_N \eta_N \cos\varphi_N$$

式中　η_N——额定运行时效率；

$\cos\varphi_N$——额定运行时的功率因数。

Lb4C2038　离心泵的工作原理是什么？

答： 离心泵由叶轮、压出室、吸入式、扩压管等部件组成，在泵内充满流体的情况下，当原动机驱动叶轮高速旋转时，叶轮上的叶片将迫使流体旋转，流体旋转产生离心力，流体在离心力的作用下甩向外围，流进泵壳，使叶轮中心形成真空，流体就在大气压力的作用下，由吸入池流入叶轮。当叶轮连续旋转时，流体就不断地被吸入和打出，在叶轮里获得能量的流体流出叶轮时具有较大的动能，这些流体在螺旋形泵壳中被收集起来，并在后面的扩散管内把动能变成压力能。

Lb4C2039　轴流泵的工作原理是什么？

答： 轴流泵主要由叶轮、吸入口、出口扩压管等组成，当叶轮在原动机驱动下高速旋转时，叶轮上的叶片作用于流体上的力可以分解为两个分量：一个分量为圆周运动的方向，它驱使流体作圆周运动并对流体做功，使流体的压力能和动能增加；另一个分量为沿轴的方向，它驱使流体沿轴向运动，即形成流体从吸入口流入，自出口扩压管排出。叶轮的连续旋转就形成

了轴流泵的连续工作。轴流泵常用作循环水泵，其特点是扬程低、流量大。

Lb4C2040　齿轮泵的工作原理是什么？

答：由两个齿轮相互啮合在一起组成的泵称为齿轮泵。齿轮泵的工作原理是：齿轮转动时，齿轮间相互啮合；啮合后，封闭空间逐渐增大，产生真空区，将外界的液体吸入齿轮泵的入口处，同时齿轮啮合时，使充满于齿轮坑中的液体被挤压，排向压力管。

Lb4C2041　径向导叶起什么作用？

答：一般在分段式多级泵上均装有径向导叶，径向导叶的作用是收集由叶轮流出的高速液流，使其均匀地引入次级或压水室，并能在导叶中使液体的动能转换为压力能。

Lb4C2042　喷射泵的工作原理是什么？

答：喷射泵的工作原理是利用较高能量的液体，通过喷嘴产生高速度，裹挟周围的液体一起向扩散管运动，使接受室中产生负压，将被输送液体吸入接受室，与高速流体一起在扩散管中升压后向外流出。

Lb4C2043　给水泵一般有哪几种形式？各适用于何种压力范围？

答：给水泵按结构可分为圆环分段式给水泵和圆筒式给水泵两种。圆环分段式给水泵一般用于 2.0～15.0MPa 压力范围，我国目前大容量、高参数机组仍采用这种传统的给水泵形式。圆筒式给水泵广泛用于 10.0MPa 以上的压力场合，现在我国的大容量机组将广泛使用圆筒式给水泵，它具有组装方便、给水泵整个转子调换容易的优点，对缩短检修工期十分有利。

Lb4C3044　什么是活塞泵？活塞泵的工作原理是什么？

答：利用活塞的往复运动来输送液体的设备称为活塞泵。

活塞泵的工作原理是：在活塞往复运动的过程中，当活塞向外运动时，出口止回门在自重和压差作用下关闭，进口止回门在压差的作用下打开，将液体吸入泵腔，当活塞向内挤压时，泵腔内压力升高，使进口止回门关闭，出口止回门开启，将液体压入出口管道。

Lb4C3045　离心泵有哪些损失？

答：离心泵的损失有容积损失、流动损失和机械损失三种。

容积损失包括密封环泄漏损失、平衡机构泄漏损失和级间泄漏损失。

流动损失包括冲击损失、旋涡损失和沿程摩擦损失。

机械损失包括轴与轴封、轴与轴承的摩擦损失，叶轮圆盘摩擦损失和液力耦合器的液力传动损失。

Lb4C3046　什么是泵的特性曲线？

答：泵的特性曲线就是在转速为某一定值下，流量与扬程、功率及效率间的关系曲线，即 q_v —H 曲线、q_v —P 曲线、q_v —η 曲线。泵的特性曲线反映了水泵本身的性能，曲线上的每一个点都对应一个工况。

Lb4C3047　什么是管路性能曲线？

答：管路性能曲线是管路系统中通过的流量与液体所必须具有的能量之间的关系曲线。管路性能曲线的形状取决于管路装置、流体性质和流体阻力等。对于一定的管路系统来说，通过的流量越多，需要外界提供的能量越大。

Lb4C3048　什么是凝汽器的冷却倍率？

答：比值 D_w / D_c 称为凝汽器的冷却倍率，用符号 m 表示。

它表示凝结 1kg 蒸汽所需要的冷却水量，m 值越大，表示消耗的冷却水量越大。式中，D_w 表示进入凝汽器的冷却水量（kg/h），D_c 表示进入凝汽器的蒸汽量（kg/h）。

Lb4C4049　什么是水泵的汽蚀现象？

答： 液体在叶轮入口处流速增加，压力下降，当该部位局部压力低于工作水温对应的饱和压力时，流经液体就要发生汽化，产生汽泡。当这些汽泡随液体进入泵内压力较高的部位时，在汽泡周围较高压力作用下，汽泡受压突然凝结，于是四周的液体就向此处补充，造成水力冲击，这种现象称为汽蚀。

Lb4C4050　给水泵汽蚀的原因有哪些？

答： 给水泵汽蚀的原因有：

（1）除氧器内部压力降低。

（2）除氧水箱水位过低。

（3）给水泵长时间在较小流量或空负荷下运转。

（4）前置泵入口滤网或汽动给水泵入口滤网堵塞。

（5）前置泵运行中突然跳闸或工作失常。

Lb4C4051　什么是泵的工作点？

答： 将管路性能曲线和泵本身的性能曲线用同样的比例尺画在同一张图上，两条曲线的交点即为泵的运行工况点，也称工作点。

泵的工作点决定于泵的特性和与之相连的管道特性。管道特性决定于管道的阻力损失、管道的直径、泵的出口阀门开度和所供液体的输送高度等。

Lb4C4052　给水泵出口止回阀的作用是什么？

答： 给水泵出口止回阀的作用是：当给水泵停止运行时，防止压力水倒流，引起给水泵倒转。高压给水倒流会冲击低压给水管道及除氧器水箱，还会因给水母管压力下降，影响锅炉进水，如给水泵在倒转时再次启动，启动力矩增大，容易烧毁电动机或损坏泵轴。

Lb4C4053　泵装置系统指哪些？泵的附件指哪些？

答：泵装置系统是指泵体、泵的附件、吸水管路和压出管路及吸入池（容器）和压出池（容器）等所有设备和部件的总称。泵的附件是指装在泵或管路上的真空表、流量表、压力表、滤网、进口阀、出口阀、调节阀、止回阀等。

Lb4C5054　为什么泵在 q_V —H 性能曲线下降段的工作点上能稳定工作？

答：因为当泵在 q_V —H 性能曲线下降段的工作点运行时，供给的能量与所需要的能量得到平衡，所以能稳定地工作。如果泵不在泵的 q_V —H 性能曲线与管道阻力曲线的交点处工作，那么供给的能量与所需要的能量得不到平衡，工作就不稳定，而且必然会重新稳定在交点处工作。

Lb3C2055　什么是虹吸现象？

答：液体由管道从较高液位的一端经过高出液面的管段自动流向较低液位的另一端的现象称为虹吸现象，所用的管道称为虹吸管。

Lb3C2056　水在叶轮中是如何运动的？

答：水在叶轮中进行着复合运动，一方面，它要顺着叶片工作面向外流动；另一方面还要跟着叶轮高速旋转，前一个运动称相对运动，其速度称为相对速度，后一个运动称圆周运动，其速度称为圆周速度，两种运动的合成即是水在水泵内的绝对运动。

Lb3C3057　给水泵的出口压力是如何确定的？

答：给水泵的出口压力主要决定于锅炉汽包的工作压力，此外给水泵的出水还必须克服以下阻力：给水管道及阀门的阻力、各级加热器的阻力、给水调整门的阻力、省煤器的阻力、锅炉进水口和给水泵出水口间的静压头。

根据经验估算，给水泵最小出口压力为锅炉最高压力的 1.25 倍。

Lb3C3058　什么是泵的通用性能曲线？

答：把一台泵在各种不同转速下的性能曲线绘制在一张图上所得到的曲线，就是这台泵的通用性能曲线。

Lb3C3059　凝结水泵中密封水的作用是什么？

答：凝结水泵的密封方式既可采用普通的填料密封，也可采用机械密封，但无论采用哪种密封方式，由于凝结水泵在运行或停运时都处于真空状态，故需要经常供给密封水，以防止空气漏入泵内。

Lb3C3060　什么是泵的相似定律？

答：泵的相似定律是指几何相似、运动相似、动力相似的两台泵的流量、扬程、功率的关系。

Lb3C3061　为防止凝结水泵发生汽化应采取哪些措施？

答：凝结水泵吸入口处的凝结水处于饱和状态，凝结水在凝结水泵入口处很容易发生汽化，产生汽蚀。为了防止凝结水泵发生汽化，通常将凝结水泵布置在凝汽器热井以下 0.5～1.0m 的泵坑内，使水泵入口处形成一定的倒灌高度，利用倒灌水柱的静压提高水泵入口处压力，使水泵进口处水压高于其饱和温度对应的压力。同时，为了提高水泵的抗汽蚀性能，常在第一级叶轮入口加装诱导轮。

Lb3C4062 离心泵 q_V—H 特性曲线的形状有几种？各有何特点？

答：离心泵 q_V—H 特性曲线的形状有平坦型、陡降型和驼峰型三种。

平坦型特性曲线通常有 8%～12%的倾斜度，其特点是在流量变化较大时，扬程变化较小。

陡降型特性曲线具有 20%～30%的倾斜度，它的特点是扬程变化较大而流量变化较小。

驼峰型特性曲线具有一个最高点，特点是开始部分有个不稳定阶段，泵只能在较大流量下工作。

Lb3C4063 目前，大机组的循环水泵采用何种泵，离心泵、轴流泵还是混流泵？其主要性能特点是什么？

答：根据循环水泵流量大、扬程低的工作特点，目前，大机组的循环水泵一般采用混流泵。

混流泵的主要性能特点是：

（1）具有随着流量减少扬程增加的倾向。

（2）在整个流量范围内功率变化小，原动机不需要留有较大的裕量。

（3）与轴流泵相比，混流泵的高效区域宽。

（4）与轴流泵相比，混流泵出口阀关闭时耗功小，并能适应较大的水位变化。

Lb3C5064 简述伯努利方程？

答：对于不可压缩理想流体，有

$$v^2/2 + gz + p/\rho = \text{const}$$

这就是著名的伯努利方程。从式中可以看出，对于不可压缩理想流体，沿流线单位质量流体的动能、位势能和压强势能之和是常数。

如果流动是在同一水平面内，或者 z 变化不大，可以忽略

不计，则有

$$v^2/2 + p/\rho = \mathrm{const}$$

该式表明，速度越高，压强越低；速度越低，压强越高。

Lb3C5065　轴流泵如何分类？

答：轴流泵分类如下：

（1）按照泵轴的安装方式，可分为立式、卧式、斜式三种。

（2）按照叶片调节的可能性，分为固定式叶片、半调节叶片和全调节叶片三种轴流泵。

Lc5C1066　电动机着火应如何扑救？

答：电动机着火应迅速停电。凡是旋转电动机在灭火时要防止轴与轴承变形。灭火时，使用二氧化碳或 1211 灭火器，也可用蒸汽灭火，不得使用干粉、沙子、泥土灭火。

Lc5C2067　什么是电气设备的额定值？

答：电气设备的额定值是制造厂家按照安全、经济、寿命全面考虑，为电气设备规定的正常运行参数。

Lc5C3068　电气设备中，红、绿指示灯的作用有哪些？

答：红、绿指示灯的作用有三个方面：

（1）指示电气设备的运行与停止状态。

（2）监视控制电路的电源是否正常。

（3）利用红灯监视跳闸回路是否正常，用绿灯监视合闸回路是否正常。

Lc5C4069　何谓"两票"、"三制"？

答："两票"是指操作票、工作票；"三制"是指交接班制、巡回检查制和定期试验切换制。

Lc5C5070 生产厂房和工作场所应具备哪些消防用品？

答：生产厂房和工作场所应具备消防栓、水龙带、灭火器、砂箱、石棉布和其他消防工具。

Lc4C2071 什么叫导体、绝缘体和半导体？

答：导电性能较高的材料称为导体，如铜、铁等金属材料；不容易导电的材料称为绝缘体，如塑料、玻璃、橡皮等非金属材料；导电性能介于导体和绝缘体之间的材料称为半导体，如硅、锗等材料。

Lc4C2072 发电厂应杜绝哪五种重大事故？

答：发电厂应杜绝以下五种重大事故：

（1）人身死亡事故。

（2）全厂停电事故。

（3）主要设备损坏事故。

（4）火灾事故。

（5）严重误操作事故。

Lc4C3073 什么叫油的闪点、燃点、自燃点？

答：随着温度的升高，油的蒸发速度加快，油中的轻质馏分首先蒸发到空气中，当油气和空气的混合物与明火接触时，能够闪出火花，这种短暂的燃烧过程叫闪燃，发生闪燃的最低温度叫油的闪点；油被加热到温度超过闪点温度时，油蒸发出的油气和空气的混合物与明火接触时，立即燃烧并能连续燃烧5s 以上，油发生这种燃烧的最低温度叫油的燃点；当油的温度逐渐升高到一定温度时，没遇到明火也会自动燃烧起来，这个温度叫油的自燃点。

Lc4C4074 轻伤事故调查有何规定？

答：轻伤事故由事故发生部门的领导组织有关人员进行调

查，性质严重时，安监、生技（基建）、劳资等有关人员及工会成员参加。

Lc3C1075　电动机有哪些种类？

答：电动机的种类很多，按所接电源的类别不同可分为直流电动机和交流电动机两大类。直流电动机按励磁方式不同可分为他励式和自励式（包括串励、并励与复励）；交流电动机分为同步电动机和异步电动机（即感应电动机），而异步电动机又可分为绕线式电动机和鼠笼式电动机，且以鼠笼式电动机用得最多，在某些需要调速的地方常用到绕线式电动机。

Lc3C2076　班组技术管理中，班组基础工作的主要内容是什么？

答：班组基础工作的主要内容有：

（1）建立原始记录。用数字和文字，按照一定要求，把生产活动及相关的工作记录起来，如运行记录等。

（2）根据原始记录的分析和预测，及时制定各种消耗定额，编制生产计划。

（3）建立各种规章制度和技术标准，并符合国家标准、部颁标准。

（4）图纸资料的配备和管理。

（5）统计工作。如生产技术经济指标和安全情况等的统计工作。

Lc3C3077　简述电动机中常用绝缘材料的耐热等级和温度限值？

答：电动机中常用绝缘材料的绝缘等级分为 A、E、B、F、H、C，共 6 级。A 级温度限值为 105℃，E 级温度限值为 120℃，B 级温度限值为 130℃，F 级温度限值为 155℃，H 级温度限值为 180℃，C 级温度限值高于 180℃。当电动机绝缘材料温度高于极限温度连续运行时，其寿命会大大下降，因此，电动机正常运行中，应确保绝缘材料处于极限工作温度范围之内。

Lc3C5078　三相感应电动机的转动原理是什么？

答：当三相定子绕组通过三相对称的交流电时，产生一个旋转磁场，这个旋转磁场在定子内膛转动，其磁力线切割转子上的导线，在转子导线中感应出电流。由于定子磁场与转子电流相互作用产生电磁力矩，于是，定子旋转磁场就拖着具有载流导线的转子转动起来。

Ld5C2079　离心泵为什么不允许倒转？

答：因为离心泵的叶轮是一套装的轴套，上有丝扣拧在轴上，拧的方向与轴转动方向相反，所以，泵顺转时，就愈拧愈紧，如果反转就容易使轴套退出，使叶轮松动，产生摩擦，损坏设备。

Le4C2080　离心泵由哪些构件组成？

答：离心泵的主要组成部分有转子和静子两部分。转子包括叶轮、轴、轴套、键和联轴器等，静子包括泵壳、密封设备（填料筒、水封环、密封圈）、轴承、机座、轴向推力平衡设备等。

Jd5C1081　循环水泵的作用是什么？

答：循环水泵的作用是向汽轮机凝汽器供给冷却水，用以冷凝汽轮机的排汽。在发电厂中，循环水泵还要向冷油器、冷却器等供水。

Jd5C1082　真空泵的作用是什么？

答：真空泵的作用是机组启动时建立凝汽器真空，机组运行中维持凝汽器真空。

Jd5C1083　离心真空泵有哪些优点？

答：近年来引进的大型机组，启动抽气器一般采用离心式真空泵。与射水抽气器比较，离心真空泵具有耗功低、耗水量少的优点，并且噪声也小。

Jd5C1084　什么是泵的允许吸上真空高度？为什么要规定泵的允许吸上真空高度？

答：泵的允许吸上真空高度是指泵入口处的真空允许数值。规定泵的允许吸上真空高度是由于泵入口真空过高时，泵入口的液体就会汽化，产生汽蚀。

Jd5C1085　离心真空泵由哪些零部件组成？

答：离心真空泵主要是由泵轴、叶轮、叶轮盘、分配器、轴承、支持架、进水壳体、端盖、泵体、泵盖、止回阀、喷嘴、喷射管、扩散器等零部件组成的。

Jd5C1086　泵的吸入室的作用是什么？常见的有哪几种形式？

答：泵的吸入室的作用是将进水管中的液体在最小流动损失的情况下均匀地引向叶轮。

常见的吸入室有三种形式：

（1）锥形管吸入室。

（2）圆环式吸入室。

（3）半螺旋形吸入室。

Jd5C2087　泵的主要性能参数有哪些？

答：泵的主要性能参数有扬程、流量、转速、轴功率、效率等。

Jd5C2088　泵的入口真空度是由哪三个因素决定的？

答：泵的入口真空度是由下面三个因素决定的：

（1）泵产生的吸上高度 H_g。

（2）克服吸水管水力损失 h_w。

（3）泵入口造成的适当流速 v_s。

Jd5C2089 水位测量仪表可分为哪几种？

答：水位测量仪表主要有玻璃管水位计、差压型水位计、电极式水位计三种。

Jd5C3090 水环式真空泵的工作原理是什么？

答：真空泵启动前，在泵体中装有适量的水作为工作液。真空泵启动后，偏心叶轮旋转，水被叶轮抛向四周，由于离心力的作用，水形成了一个决定于泵腔形状的近似于等厚度的封闭圆环。水环的下部分内表面恰好与叶轮轮毂相切，水环的上部内表面刚好与叶片顶端接触，此时叶轮轮毂与水环之间形成一个月牙空间。在月牙空间的前半部分与抽汽口相连，其容积由小变大，压力降低，通过抽汽口将气体带走；在月牙空间的后半部分与排汽口相连，其容积由大变小，气体被压缩，压力升高，通过排汽口将气体排出泵体，即水环式真空泵是靠泵腔容积的变化来实现吸气、压缩和排气的。

Jd5C3091 泵的压水室的作用是什么？常见的有哪几种形式？

答：泵的压水室的作用是把液体在最小的流动损失情况下导入下一级叶轮或引向出水管，同时将部分动能转化为压力能。

压水室种类很多，常用的有：

（1）螺旋形压水室。

（2）径向导叶。

（3）环式压水室。

Jd5C4092 什么是离心泵的串联运行？串联运行有什么特点？

答：液体依次通过两台以上的离心泵向管道输送的运行方式称为离心泵的串联运行。

串联运行的特点是：每台水泵所输送的流量相等，总的扬程为每台水泵的扬程之和。

Jd5C4093 什么是离心泵的并联运行？并联运行有什么特点？

答：两台或两台以上离心泵以并联方式向同一条管道输送液体的运行方式称为并联运行。

并联运行的特点是：每台水泵所产生的扬程相等，总的流量为每台泵的流量之和。

Jd5C5094 给水泵中间抽头的作用是什么？

答：现代大功率机组，为了提高经济效果，减少辅助水泵，往往从给水泵的中间级抽取一部分水量作为锅炉的减温水（主要是再热器的减温水），这就是给水泵中间抽头的作用。

Jd4C1095 给水泵在隔离检修时，为什么不能先关闭进水门？

答：处于热备用状态下的给水泵，隔离检修时，如果先关闭进水门，若给水泵出口门及出口止回门关闭不严，泵内压力会升高，由于给水泵法兰及进水侧的管道都不是承受高压的设备，将会造成设备损坏。因此在给水泵隔绝检修时，必须先切断高压水源，最后再关闭给水泵进水门。

Jd4C1096 汽动给水泵前置泵启动允许条件有哪些？

答：汽动给水泵前置泵启动允许条件有以下三点：

（1）前置泵入口门开启。

（2）汽动给水泵出口最小流量阀前后截止门及最小流量阀开启。

（3）除氧器水位正常。

Jd4C2097　凝结水泵盘根为什么要用凝结水密封？

答：凝结水泵在备用时处于高度真空下，因此，凝结水泵必须有可靠的密封，凝结水泵除本身有密封填料外，还必须使用凝结水作为密封冷却水。若凝结水泵盘根漏气，则将影响运行泵的正常工作和凝结水溶氧量的增加。

凝结水泵盘根使用其他水源来冷却密封，会使凝结水污染，所以必须使用凝结水来冷却密封盘根。

Jd4C2098　循环水泵径向轴承和轴封采用何种冷却润滑方式？

答：循环水泵的径向轴承后轴封均采用水润滑。通常情况下，润滑水从泵出口弯管引出压力水经过滤网过滤后，从泵轴封处的润滑水入口流入，在润滑轴封填料的同时，也润滑上部橡胶轴承，再通过轴保护套管润滑中部轴承、下部轴承后，由吐出室平衡孔排出。

Jd4C3099　泵的主要性能参数有哪些？其定义和单位各是什么？

答：泵的主要性能参数包括以下几点：

（1）扬程。单位质量流体通过泵后所获得的能量称为扬程，用 H 表示，单位是 m。

（2）流量。单位时间内泵所输送的流体量称为流量，有体积流量，用 q_V 表示，单位是 m^3/s、m^3/h；有质量流量，用 q_m 表示，单位是 kg/s、t/h。

（3）功率。功率分为轴功率和有效功率。轴功率通常是指泵的输入功率，即原动机传到泵轴上的功率，用 P_{sh} 表示，单位是 kW；有效功率是指泵中通过流体在单位时间内从泵中获得的能量，由于这部分能量被流出的流体所携带，故又称为输出功率，用 P_e 表示，单位是 kW。

（4）效率。泵的有效功率和轴功率的比值称为泵的效率，用 η 表示，通常以百分数计。

（5）转速。泵轴每分钟的转数，用 n 表示，单位是 r/min。

Jd4C3100　循环水泵的启动方式有哪几种？

答：循环水泵的启动可采用闭阀启动和开阀启动两种方式。所谓闭阀启动，是指循环水泵启动后联开出口阀门，这种启动方式要求出口阀门动作可靠，必须在较短的时间内打开，水泵在出口门关闭的情况下运行不得超过 1min。一般水泵并联运行时，水泵出口门后有压力时，采用闭阀启动。所谓开阀启动，是指水泵启动前将出口门开启到一定位置，然后启动水泵，并继续开启出口阀门到全开位置，在循环水泵第一次启动时采用此方式。

Jd4C3101　水环式真空泵出力下降的原因有哪些？如何检查处理？

答：水环式真空泵出力下降的原因及检查处理如下：

（1）汽水分离器水位不正常。若水位低，应及时补水，并检查自动补水阀是否工作正常，若故障，应及时联系处理；若水位高，应放水至正常水位，并检查自动排水阀是否工作正常，若故障，应及时联系处理；若水位过高以至于满水时，应立即切至备用泵后进行处理。

（2）真空泵工作液（水）温度高。检查泵体冷却水是否工作正常，根据情况及时切换冷却水源；检查冷却器工作是否正常，若冷却器冷却效果差，应切至备用泵后清理冷却器。

（3）泵内部件损坏。立即启动备用泵，停泵处理。

（4）入口阀、出口阀、旁路发动作不正常。立即启动备用泵，停泵处理。

（5）汽水分离器排气阀动作卡涩，不灵活。联系检查处理，若处理不好，启动备用泵，停泵处理。

Jd4C4102　定速给水泵启动前应作如何检查？

答：定速给水泵启动前应作如下检查：

（1）电动机开关在停用位置，连锁在解除位置。

（2）油管、油箱、冷油器、油泵均处于良好状态，油箱油位在 2/3 以上，油质良好，油温在 20℃ 以上。

（3）联系电气测量电动机（油泵电动机）绝缘良好，送上动力电源，送上热工仪表电源，有关保护投入运行。

（4）开足给水泵进口门，盘根冷却水调整适当。

（5）进水管放水门，泵底放水门，出水门前、后放水门和放水总门，止回门后放水门，再循环管放水门均应关闭。开启密封水进水总门，高、低压侧密封水进水门应关闭。

（6）给水箱水温在 40℃ 以上，给水泵暖泵，开启暖泵门，使泵体温度逐渐上升，控制温升率为 1℃/min，暖泵约 2h，泵体上下温差不大于 15℃（机组启动前给水泵采用顺暖，备用泵采用倒暖）。

（7）出口电动门开关应灵活，试验后关闭，开启再循环门，关闭中间抽头门。

（8）电动机空气冷却器进水总门、冷油器进水门关闭，出口门开放。

（9）通知热工人员投入仪表。

（10）启动辅助油泵，全开出油门，略开至油泵出口油门，并调整油压在 0.1～0.11MPa，赶走管道内空气，检查各轴承回油正常。

Jd3C2103　凝结水泵隔离检修时应做哪些措施？

答：凝结水泵隔离检修时，应做以下措施：

（1）关闭检修凝结水泵的出口门，停电。

（2）检修凝结水泵，停电。

（3）关闭检修凝结水泵的抽空气门。

（4）关闭检修凝结水泵的密封水及冷却水门。

（5）关闭检修凝结水泵的进口门，停电。

Je5C1104　水泵串联运行的条件是什么？何时需采用水泵串联？

答：水泵串联的条件是：

（1）两台水泵的设计出水量应该相同，否则容量较小的一台会发生严重的过负荷或限制水泵的出力。

（2）串联在后面的水泵（即出口压力较高的水泵）结构必须坚固，否则会遭到损坏。

在泵装置中，当一台泵的扬程不能满足要求或为了改善泵的汽蚀性能时，可考虑采用泵串联运行的方式。

Je5C1105　水泵调速的方法有哪几种？

答：水泵调速方法有：

（1）采用电动机调速。

（2）采用液力耦合器和增速齿轮变速。

（3）用给水泵汽轮机直接变速驱动。

Je5C1106　为什么给水泵布置在除氧器水箱下面？

答：由于给水温度高（为除氧器压力对应的饱和温度），在给水泵进口处容易发生汽化，会形成汽蚀而引起出水中断，因此，一般都把给水泵布置在除氧器水箱下，以增加给水泵进口的静压力，避免发生汽化现象，保证水泵正常工作。

Je5C1107　空气压缩机工作原理三过程是什么？

答：空气压缩机是依靠活塞的往复运动来压缩气体的，其工作原理三过程为：

（1）吸气过程。当活塞自左向右移动时，汽缸内形成真空，大气中的空气将吸气阀推开进入汽缸，直至活塞到汽缸右端为止。

（2）压缩过程。当活塞反向移动时，吸气阀关闭，又因压出管中的气体压力高于缸内的气体压力，所以排气阀也是关闭的，这时气体受到压缩力，压力升高。

（3）排气过程。当汽缸内气体压力升高到超过压出管中的气体压力时，缸内气体顶开排气阀，排入压出管路中，直至活塞到汽缸左端为止。

活塞每往返一次，进行上述三个过程，完成了一个工作循环。

Je5C1108　弹簧管压力表的工作原理是什么？

答：弹簧管压力表的工作原理为：被测介质导入圆弧形的弹簧管内，使其密封自由端产生弹性位移，然后再经过传动放大机构，经齿轮带动指针偏转，指示出压力的大小。

Je5C1109　电接点水位计是根据什么原理测量水位的？

答：由于汽水容器中水和蒸汽的密度及所含导电物质的数量的不同，它们的导电率存在着极大的差异，电接点式水位计就是根据汽和水的导电率的不同来测量水位的。

Je5C1110　压力测量仪表有哪几类？

答：压力测量仪表可分为液柱式压力计、弹性式压力计和活塞式压力计等。

Je5C2111　一般泵类如何进行停用操作？

答：一般泵类停用操作如下：

（1）解除连锁开关。

（2）缓慢关闭出口门（螺杆泵无此操作）。

（3）按停泵按钮。

（4）泵停运后，根据需要全开出口门，投用连锁备用开关。

（5）如需检修，联系电气人员切断电源，关闭进、出口门及空气门、冷却水门，做好隔离措施。

Je5C2112　汽轮发电机组润滑油系统中，各油泵的低油压联动顺序是怎样的？

答：油泵的低油压联动顺序为：润滑油压降至一定后，联动交流润滑油泵，最后联动事故油泵（直流润滑油泵）。

Je5C2113　凝结水泵密封水的作用是什么？

答：凝结水泵在运行中或停泵状态下，都有一部分区域或大部分区域处于真空状态，为了防止空气漏入泵内，影响泵的性能或引起机组真空下降，故需要经常供给密封水。

Je5C2114　一般泵类启动前的检查和准备工作有哪些？

答：一般泵类启动前的检查和准备工作如下：

（1）联系电气测试电动机绝缘合格，送上电源（检修后的设备应检查电动机外壳接地是否良好）。

（2）泵与系统阀门位置是否正常。

（3）轴封及油质油位是否正常。

（4）联轴器盘动是否灵活。

（5）开启轴承或盘根冷却水，中继泵应开轴封门/空气门。

（6）全开进口门，开启放空气门，空气放尽后关闭（中继泵空气门应全开），出口门全关（螺杆泵、顶轴油泵、空氢侧密封油泵等出口门全开）。

Je5C2115　循环水泵启动后出力不足或不出水的原因是什么？

答：原因包括以下几点：

（1）吸入侧有异物。

（2）叶轮损坏。

（3）出口阀门调整不当。

（4）转速低。

（5）泵内有空气。

（6）水泵发生汽蚀。

（7）转向反。

Je5C2116　循环水泵启动后出力不足或不出水的处理方法有哪些？

答：处理方法有以下几种：

（1）清理入口滤网、叶轮及吸入口杂物。

（2）更换叶轮。

（3）重新调整出口阀门。

（4）检查转速低的原因并处理。

（5）提高吸入池水位。

（6）倒换电动机接线，更改转向。

Je5C2117　一般泵类的启动操作步骤是怎样的？

答：一般泵类的启动操作步骤如下：

（1）按启动按钮，检查电流、压力是否正常，泵与电动机的声音、振动、轴承温度等是否正常。

（2）渐开出口门，一切正常后投入连锁开关。

Je5C3118　如何进行循环水泵的停用操作？

答：循环水泵停用操作如下：

（1）联系电气、循环水泵值班员。

（2）切除连锁开关。

（3）手按循环水泵停用按钮（检查循环水泵出口蝶阀应下

落或出口门应联动关闭）。

（4）若因出口门或止回门不严，停泵后泵倒转，应采取措施，如关进口门等。

Je5C3119　给水泵运行中的检查项目有哪些？

答：除按泵的一般检查外，由于给水泵有自己的润滑系统、串轴指示及电动机冷风室，调速给水泵具有密封水装置，应开展如下检查：

（1）串轴指示是否正常。

（2）冷风室出、入水门位置情况，油箱油位、油质、油压是否正常；冷油器出、入口油温及水温情况；密封水压力、液力耦合器、勺管开度是否合适；工作冷油器进、出口油温等是否正常。

Je5C3120　循环水泵打空（不打水）的象征有哪些？

答：循环水泵打空（不打水）的象征有：

（1）电流表大幅度变化。

（2）出水压力下降或变化。

（3）泵内声音异常，出水管振动。

Je5C3121　单台循环水泵运行，入口滤网运行中发生堵塞的现象是什么？如何处理？

答：入口滤网堵塞的现象包括：运行循环水泵前池水位明显降低且水位波动；运行循环水泵前池水位和备用循环水泵前池水位的差值增大。如果发现处理不及时，循环水泵前池水位继续降低，则运行循环水泵出口压力降低、摆动、水泵声音异常且泵组有可能发生振动；若循环水泵出口压力低至联动值，则备用循环水泵联启正常。

处理方法：发现运行循环水泵前池水位降低后，就地检查前池水位是否正常。若由于入口滤网堵塞造成水位异常，应启动备用循环水泵，停运原运行循环水泵，联系清理入口滤网。

Je5C3122　给水泵平衡盘磨损的象征有哪些？

答：给水泵平衡盘磨损的象征有：

（1）电流增大并变化。

（2）平衡盘压力比进口压力大到 0.2MPa 以上，轴向位移增大。

（3）严重时，泵内发出金属摩擦声，密封装置冒烟或冒火。

Je5C4123　调速给水泵汽蚀的象征有哪些？

答：调速给水泵汽蚀的象征有：

（1）如磁性滤网堵塞造成给水泵入口汽化，滤网前后压差增大。

（2）给水流量小且变化。

（3）给水泵电流、出水压力急剧下降并变化。

（4）泵内有不正常噪声。

Je5C4124　离心泵为什么会产生轴向推力？

答：因为离心泵工作时，叶轮两侧承受的压力不对称，所以会产生叶轮出口侧向进口侧方向的轴向推力。

除此之外，还有因反冲力引起的轴向推力，但这个力较小，在正常情况下不考虑。在水泵启动瞬间，没有因叶轮两侧压力不对称引起的轴向推力，这个反冲力会使轴向转子向出口侧窜动。

对于立式泵，转子的重量亦是轴向推力的一部分。

Je5C4125　离心泵轴向推力的平衡方法有哪些？

答：离心泵轴向推力的平衡方法有：

（1）采用平衡孔与平衡管结构。

（2）采用双吸叶轮和叶轮对称排列方式。

（3）采用背叶轮结构。

（4）采用平衡盘装置。

（5）采用平衡鼓结构。

（6）设置止推轴承。

Je5C4126　何谓汽蚀余量、有效汽蚀余量、必需汽蚀余量？

答：泵进口处液体所具有的能量与液体发生汽蚀时所具有的能量的差值，称为汽蚀余量。装置安装后使泵在运转时所具有的汽蚀余量，称为有效汽蚀余量。液体从泵的吸入口到叶道进口压力最低处的压力降低值，称必需汽蚀余量。

Je5C4127　水泵的汽蚀有什么危害？

答：水泵发生汽蚀，由于连续的局部冲击，会使材料的表面逐渐疲劳损坏，引起金属表面的剥蚀，进而出现大小蜂窝状蚀洞；除了冲击引起金属部件损坏外，还会产生化学腐蚀现象，氧化设备。汽蚀过程是不稳定的，会使水泵发生振动和产生噪声，同时汽泡还会堵塞叶轮槽道，致使扬程、流量降低，效率下降。

Je5C5128　为什么要对热流体通过的管道进行保温？对管道保温材料有哪些要求？

答：当流体流过管道时，管道表面向周围空间散热形成热损失，这不仅使管道经济性降低；而且使工作环境恶化，容易烫伤人体，因此温度高的管道必须保温。

对保温材料的要求如下：

（1）导热系数及密度小，且具有一定的强度。

（2）耐高温，即高温下不易变质和燃烧。

（3）高温下性能稳定，对被保温的金属没有腐蚀作用。

（4）价格低，施工方便。

Je5C5129　凝汽器胶球清洗系统的组成和清洗过程如何？

答： 胶球连续清洗装置所用的胶球有硬胶球和软胶球两种。硬胶球直径略小于管径，通过与铜管内壁的碰撞和水流的冲刷来清除管壁上的沉积物。软胶球直径略大于管径，随水进入铜管后被压缩变形，能与铜管壁全周接触，从而清除污垢。

胶球自动清洗系统是由胶球泵、装球室、收球网等组成的。清洗时，把海绵球（软胶球）填入装球室，启动胶球泵，胶球便在比循环水压力略高的水流的带动下，经凝汽器的进水室进入铜管进行清洗。流出铜管的管口时，随水流到达收球网，并被吸入胶球泵，重复上述过程，反复清洗。

Je5C5130　什么叫可燃物的爆炸极限？

答： 当可燃气体或可燃粉尘等跑入空气中，与空气的混合物达到一定比例时，遇到明火就会立即爆炸。遇明火爆炸的混合物的最低浓度叫爆炸下限，最高浓度叫爆炸上限，浓度在爆炸上限和下限之间都能引起爆炸，这个浓度范围叫该物质的爆炸极限。

Je5C5131　液力耦合器有哪些损失？各指什么？

答： 液力耦合器有机械损失和液力损失两种。机械损失指轴承密封损失、外部转子摩擦鼓风损失，以及为了冷却起见，需向液力耦合器通入若干工作流体，从而造成系统、泵轮能量消耗等的损失（这种损失也称空载损失）。液力损失指泵轮和涡轮叶片之间的流道中，由于涡流和流体的内部摩擦和进入工作轮入口处的冲击损失等所造成的能量损失。

Je4C1132　低压加热器疏水泵在运行中不出水，应如何处理？

答：低压加热器疏水泵在运行中不出水时，应做如下处理：

（1）若因凝结水母管压力大于疏水泵出水压力，应在不影响除氧器正常补水的情况下，适当降低母管压力，采用调整凝结水再循环门开度、降低除氧器压力等的办法。

（2）若因进口汽蚀造成不出水，应适当开大进口空气门，并将低压加热器维持在一定水位运行。

（3）如因叶轮松动、出口调节汽门门芯脱落或轴承损坏等，需停泵切换至备用泵运行，联系检修处理。

（4）如因密封水投用不当，应将密封水压恢复正常。

Je4C1133　正常运行时，启动疏水泵向除氧器补水时需注意什么？

答：正常运行时，启动疏水泵向除氧器补水的注意事项如下：

（1）启动疏水泵向除氧器补水前，化验疏水箱水质是否合格，注意轴封蒸汽压力。

（2）关闭疏水泵至邻机除氧器的补水门。

（3）启动疏水泵后，缓慢开启疏水泵出口门3～5圈，保持压力在1.0MPa以上，并及时调整除氧器压力。

（4）除氧器水位补至正常时，应停运疏水泵，关闭该泵出口门和除氧器补水门。

（5）将疏水箱水位补至2/3处后，关闭疏水箱补水门，防止溢出。

Je4C1134　给水泵密封水供水异常时，应如何处理？

答：密封水泵应运行可靠，当密封水泵跳闸时，备用泵应自启动，否则应强行启动，或迅速联系司机提高凝结水水压，以保证密封水的正常供应。另外，对于采用备用密封水母管的机组，可立即切换至备用母管供水。

Je4C1135 调速给水泵为什么要用水密封？如何调整，使密封水在正常状态？

答：调速给水泵用水密封，可使轴与密封套之间的摩擦阻力减少，提高经济性；另外，机械密封易坏，维修量大。

应保证母管压力在2.45MPa以上，调整前置泵，使密封水压稍大于前置泵进口压力，适当开启主泵密封水调整门的旁路门，用主泵密封水调整门调整压差在 0.098～0.196MPa（集控室差压表），使密封水回水温度在60～70℃之间。

Je4C2136 哪些给水泵密封水可以倒入凝汽器，何时倒入，为什么？

答：给水泵密封水的压力回水可以倒入凝汽器，一般在凝汽器内有一定真空的情况下倒入。因为在凝汽器无真空或真空较低的情况下，将给水泵的密封水倒置凝汽器，由于回水需经过水封袋，这部分阻力将使回水不畅或回水不出去，而重力回水由于压力低、流量小，设备管道及阀门易漏空气，使凝汽器真空下降，故一般不回收。

Je4C2137 一般泵运行中的检查项目有哪些？

答：一般泵运行中的检查项目有：

（1）检查电动机连锁位置、出口风温、轴承温度、轴承振动、运转声音等应正常，接地线应良好，地脚螺栓应牢固。

（2）检查泵体出口压力应正常，盘根应不发热，不甩水，运转声音正常，轴瓦冷却水畅通，泄水漏斗不堵塞，轴承油位正常，轴瓦油质良好，油圈带油正常，无漏油，联轴器罩固定良好。

（3）与泵连接的管道保温应良好，支吊架牢固，截止门度位置正常，无泄漏。

（4）有关仪表应齐全、完好，指示正常。

Je4C3138　调速给水泵自动跳闸的象征有哪些？

答：调速给水泵自动跳闸的象征有：

（1）电流表指示到零，报警铃响。

（2）备用泵自启动。

（3）闪光报警，跳闸泵绿灯亮。

（4）给水流量、压力瞬间下降。

Je4C3139　给水泵平衡盘磨损时，应如何处理？

答：给水泵平衡盘磨损时，应做如下处理：

（1）立即启动备用给水泵，停运故障泵。

（2）如无备用泵，应联系电气降负荷，报告班长、值长。

Je4C3140　调速给水泵油箱油位降低时，应如何处理？

答：调速给水泵油箱油位降低，应做如下处理：

（1）检查油箱实际油位是否正常，以判断油位计指示是否正确。

（2）油箱油位下降 5～10mm 时，应立即检查油系统外部有无漏油，排污门是否误开，对工作冷油器进行查漏，并加油至正常油位。

（3）油箱油位突然下降至最低油位线以下时，应立即切换备用泵运行。

Je4C4141　循环水泵出口蝶阀打不开时，应如何处理？

答：循环水泵启动后，出口蝶阀打不开，应迅速查明原因，采取相应处理，必要时停泵，并联系检修。

Je4C4142　循环水泵出口蝶阀下落时，应如何处理？

答：发现循环水泵出口蝶阀下落时，应立即进行全面检查，采取相应处理，如因电磁阀或内漏造成，应立即关闭电磁阀前隔离门或手摇开启出口蝶阀，并联系检修。

Je4C4143　故障停用循环水泵的条件有哪些？

答：故障停用循环水泵的条件有：

（1）轴承温度急剧升高达 80℃，无法降低。

（2）轴承油位急剧下降，加油无效或冷油器破裂，油中带水。

Je4C4144　故障停用循环水泵应如何操作？

答：故障停用循环水泵应进行如下操作：

（1）解除联动开关，启动备用泵。

（2）停用故障泵，注意惰走时间，如倒转、关闭出口门或进口门。

（3）无备用泵或备用泵启动不上时，应请示上级后，再停用故障泵。

（4）检查备用泵启动后的运行情况。

Je4C5145　循环水泵跳闸的象征有哪些？

答：循环水泵跳闸的象征有：

（1）电流表指示到"0"，绿灯亮，红灯熄，事故喇叭响。

（2）电动机转速下降。

（3）水泵出水压力下降。

（4）备用泵应连动。

Je4C5146　循环水泵打空时，应如何处理？

答：循环水泵打空时，应进行如下处理：

（1）按紧急停泵的情况处理。

（2）检查进水阀及滤网前后水位差，必要时清理滤网。

（3）检查其他泵运行情况。

（4）根据真空情况决定是否降负荷。

Je3C1147　给水泵的拖动方式有哪几种？

答：常见的有电动机拖动和专用给水泵汽轮机拖动，此外还有燃气轮机拖动及汽轮机主轴直接拖动等。

Je3C2148　怎样进行深井泵的启动操作？

答：深井泵的启动操作如下：

（1）关闭出口门，开启预润水电磁阀出、入口门及轴承水门。

（2）开启深井泵，启动放水门，合上深井泵电动机电源操作开关。

（3）检查电源、出口压力、深井泵声音、振动是否正常；检查盘根，应不发热、不甩水；轴承应油位正常。外观检查，应出水清洁，无泥沙、混浊水。

（4）检查正常后，开启深井泵出水门，关闭放水门向系统送水。

Je3C3149　凝结水泵为什么要装再循环管？

答：凝结水系统设有最小流量再循环管路，自轴封加热器出口的凝结水管道引出，经最小流量再循环阀回到凝汽器，以保证机组启动和低负荷期间凝结水泵通过最小流量运行，防止凝结水泵汽蚀。同时，也保证机组启动和低负荷期间有足够的凝结水流过轴封加热器，维持轴封加热器的微真空。

Je3C3150　怎样进行深井泵的停用操作？

答：深井泵的停用操作如下：

（1）断开深井泵电动机操作开关，停止泵的运转。

（2）出水管中的水未全部流回深井时，不得重新启动，应待 15min 后再启动。

（3）停泵后 1h（按本厂规程）再启动，一般可不预润，但水位较深时，每次启动时必须加预润水。

（4）深井泵停用后需进行检修，应关闭出水门。

Je3C4151 调速给水泵故障停泵时，进行切换操作时应注意哪些问题？

答：调速给水泵故障停泵时，切换操作中应注意如下问题：

（1）启动备用给水泵，解除故障泵的油泵连锁，开启故障给水泵的辅助油泵，油压应正常，停用故障泵。

（2）检查投入运行给水泵的运行情况。

（3）检查故障有无倒转现象，记录惰走时间。

（4）完成停泵的其他操作，根据故障情况，进行必要的安全隔离措施，立即报告班长。

Je3C5152 调速给水泵自动跳闸时，应如何处理？

答：调速给水泵自动跳闸时，应进行如下处理：

（1）立即启动跳闸泵的辅助油泵，检查原备用泵启动是否正常，复置备用给水泵及跳闸泵的开关。调整密封水水压后，解除跳闸连锁，将运行泵锁打在工作位置，检查运行给水泵电流、出口压力、流量等是否正常。注意跳闸泵不得倒转。

（2）如备用泵不能自启动，应立即手动开启备用泵。

（3）若无备用泵，跳闸泵无明显故障，保护未翻牌，就地宏观无问题，可试开一次，无效后，报告班长，把负荷降至一台泵运行对应的负荷。

（4）迅速检查跳闸泵有无明显重大故障，根据不同原因，通知有关人员处理。

（5）做好详细记录。保护误动或人为的误操作跳闸，也应在处理完毕后，立即报告班长，做好记录。

Je3C5153 给水母管压力降低时，应如何处理？

答：给水母管压力降低时，应进行如下处理：

（1）检查给水泵运行是否正常，并核对转速、电流及勾管位置，检查电动出口门和再循环门开度。

（2）检查给水管道系统有无破裂和大量漏水。

（3）联系锅炉，调节给水流量，若勺管位置开至最大时，给水压力仍下降，影响锅炉给水流量，应迅速启动备用泵，并及时联系有关检修班组处理。

（4）影响锅炉正常运行时，应汇报有关人员降负荷运行。

Je3C5154　给水泵轴承油压下降时，应如何处理？

答：给水泵轴承油压下降时，应进行如下处理：

（1）给水泵轴承油压下降到 0.09MPa 时，应立即启动辅助油泵。

（2）检查油箱油位情况，检查油系统是否漏油。

（3）若辅助油泵运行后，油压仍不正常，应启动备用给水泵，停故障给水泵。

（4）轴承油压降至 0.05MPa 时，应紧急停泵。

Jf5C1155　处理所有事故时的"四不放过"原则的具体内容是什么？

答："四不放过"原则的具体内容是：

（1）事故原因不清楚不放过。

（2）事故责任者和应受教育者没有受到教育不放过。

（3）事故责任者未受到处罚不放过。

（4）没有采取防范措施不放过。

Jf5C1156　电动机为什么要测量绝缘？

答：因为电动机停用或备用时间较长时，绕组受潮或有大量积灰，影响电动机的绝缘；长期使用的电动机，绝缘有可能老化，端线松弛。测量电动机的绝缘就能发现这些问题，以便及时采取措施，不影响运行中的切换使用。

Jf5C2157　什么叫电路的开路？

答：当电路中电源开关被拉开或熔丝熔断、导线断开、负载断开时，称为电路处于开路状态。

Jf5C3158　什么叫短路？短路有何危害？

答：短路状态是指电路里任何地方不同电位的两点，由于绝缘损坏等原因直接接通。由于短路后的电流不通过负载电阻，所以电流很大，将会烧坏电路元件而发生事故。

Jf4C1159　生产现场发现有人触电时，应如何处理？

答：发现有人触电时，应立即切断电源，使触电人脱离电源，并进行急救。如触电人在高空工作，抢救时必须注意防止高空坠落。

Jf4C2160　管道上的截止门应具备哪些条件？

答：管道上的截止门应具备：

（1）与管道系统图和现场规程一致的标志牌与编号。

（2）开关方向标记，主要截止门上面有开度指示器或开度标记。

（3）对直接操作有困难或操作时容易危及运行人员安全的截止门，应装设远方操作装置。

Jf3C1161　制定电力生产事故调查规程的目的是什么？

答：制定电力生产事故调查规程的目的是通过对事故的调查分析和统计，总结经验教训，研究事故规律，开展反事故斗争，促进电力生产全过程的安全管理，并通过反馈事故信息，为提高规划、设计、施工安装、调试、运行和检修水平及设备制造质量的可靠性提供依据。

Jf3C2162　如何防止生产工作中的人身伤害？

答：为防止生产工作中的人身伤害，应注意以下几点：

（1）增强自我保护意识。

（2）严格执行安全工作规程，履行岗位责任制。

（3）在生产场所自觉做到不违章作业，遵章守纪。

4.1.4　计算题

La5D1001　已知一个电阻阻值为 44Ω，使用时通过的电流是 5A，试求电阻两端的电压 U 的大小。

解：已知 R=44Ω，I=5A

$$U=IR=5×44=220（V）$$

答：电阻两端的电压为 220V。

La5D2002　绕制一个 1000Ω 的电熔炉铁芯，试求需要截面积为 0.02mm² 的镍铬线多少（ρ=1.5×10⁻⁶Ω·m）？

解：已知 R=1000Ω，S=0.02mm²=0.02×10⁻⁶m²

$$\rho=1.5×10^{-6}Ω·m$$

根据 $R=\rho L/S$

所需镍铬线的长度

$$L=RS/\rho$$
$$=1000×0.02×10^{-6}/(1.5×10^{-6})$$
$$=40/3=13.33（m）$$

答：需要 0.02mm² 的镍铬线 13.33m。

La5D2003　有一导线，每小时均匀通过截面积的电量为 900C，求导线中的电流 I。

解：已知 Q=900C，t=1h=3600s，则

$$I=Q/t=900/3600=0.25（A）$$

答：导线中的电流为 0.25A。

La5D2004　一根长 6000m、截面积为 6mm² 的铜线，求它在常温（20℃）下的电阻 R（ρ=0.017 5×10⁻⁶Ω·m）。

解：已知 l=6000m，S=6mm²，ρ=0.017 5×10⁻⁶Ω·m

则

$$R=\rho l/S$$
$$=0.017\,5\times10^{-6}\times6000/(6\times10^{-6})=17.5\,(\Omega)$$

答：在常温下的电阻为 17.5Ω。

La5D3005 某电厂一台 600MW 机组在 500MW 负荷下运行时，其凝汽器真空值为 96kPa，当地大气压为 0.101MPa，问当时此台机组凝汽器的绝对压力为多少？

解：已知 $p_g=-96kPa$，$p_a=0.101MPa=101kPa$

$$p=p_g+p_a=-96+101=5\,(kPa)$$

答：当时此台机组凝汽器的绝对压力为 5kPa。

La4D1006 两个电阻 R_1 和 R_2 串联连接，当 R_1 和 R_2 具有以下数值时：① $R_1=R_2=1\Omega$；② $R_1=3\Omega$，$R_2=6\Omega$，计算串联电路的等效电阻 R。

解：（1）$R=R_1+R_2=1+1=2\,(\Omega)$

（2）$R=R_1+R_2=3+6=9\,(\Omega)$

答：当 $R_1=R_2=1\Omega$ 时，等效电阻 R 为 2Ω；当 $R_1=3\Omega$，$R_2=6\Omega$ 时，R 为 9Ω。

La4D2007 两个电阻 R_1 和 R_2 并联连接，当 R_1 和 R_2 具有以下数值时：① $R_1=R_2=2\Omega$；② $R_1=2\Omega$，$R_2=0\Omega$，求并联电路的等效电阻 R。

解：（1）$R=R_1R_2/(R_1+R_2)=2\times2/(2+2)=1\,(\Omega)$

（2）$R=R_1R_2/(R_1+R_2)=2\times0/(2+0)=0\,(\Omega)$

答：当 $R_1=R_2=2\Omega$ 时，电路等效电阻 R 为 1Ω；当 $R_1=2\Omega$，$R_2=0\Omega$ 时，R 为 0Ω。

La4D3008 一只电炉，电阻 R 为 44Ω，电源电压 U 为 220V，求时间 t 为 30min 时，电炉产生的热量 Q。

解：$R=44\Omega$，$U=220V$，$t=30min=1800s$

$$Q = IUt = U^2 t / R = 220^2 \times 1800 / 44$$
$$= 1980 \times 10^3 \text{（J）} = 1980 \text{kJ}$$

答：电炉 30min 内产生的热量为 1980kJ。

La4D3009　管子内径 ϕ 为 100mm，输送水的流速 w 为 1.27m/s，水的运动黏度 ν 为 $0.01 \times 10^{-4} \text{m}^2/\text{s}$，试问管中水是何流动状态？

解：已知 ϕ=100mm=0.1m

则输送水时的雷诺数

$Re = w\phi / \nu = 1.27 \times 0.1 / (0.01 \times 10^{-4}) = 127\ 000$

临界雷诺数　　　　　　Re_c=2300

因为　　　　　　　　　$Re > Re_c$

所以管中水是紊流状态。

答：水在管中是紊流状态。

La4D3010　工质实现卡诺循环，从高温热源吸收 2000J 的热量，向低温热源放出 1200J 的热量，求热效率。

解：已知 q_1=2000J，　q_2=1200J

$$\eta = \frac{q_1 - q_2}{q_1} = \frac{2000 - 1200}{2000} = 0.4 = 40\%$$

答：热效率为 40%。

La4D4011　水在某容器内沸腾，如压力保持 1MPa 时，对应的饱和温度 t_0 为 180℃，加热面温度 t_1 为 205℃，沸腾放热系数 α 为 85 700W/(m^2 · ℃)，求单位加热面上的换热量 Q。

解：$Q = \alpha(t_1 - t_0) = 85\ 700 \times (205 - 180) = 2\ 142\ 500$（W/m^2）

答：单位加热面上的换热量是 2 142 500W/m^2。

La3D1012　单相变压器的一次电压 U_1 为 3000V，变比 K 为 15，求二次电压 U_2 的大小？当一次电流 I_1 为 60A 时，求二次电流 I_2 的大小？

解：根据　　　　　$U_1/U_2=K$

则　　　　　　　　$U_2=U_1/K=3000/15=200$（V）

根据　　　　　　　$I_1/I_2=1/K$

则　　　　　　　　$I_2=I_1K=15×60=900$（A）

答：二次电压 U_2 为 200V，二次电流 I_2 为 900A。

La3D2013　已知水泵的工作电流为 305A，工作电压为 380V，电动机功率因数为 0.87，求水泵消耗的功率 P 为多少？

解：已知 $I=305A$，$U=380V$，$\cos\varphi=0.87$

　　　　$P=\sqrt{3}\ UI\cos\varphi=\sqrt{3}×380×305×0.87=175$（kW）

答：水泵的功率为 175kW。

La3D2014　一台容量 S 为 50kV·A 的三相变压器，当变压器满载时，求负载功率因数分别为 $\cos\varphi_1=1$、$\cos\varphi_2=0.6$、$\cos\varphi_3=0.2$ 时，变压器的输出有功功率 P_1、P_2、P_3？

解：因为 $P=S\cos\varphi$

　　　所以 $P_1=S\cos\varphi_1=50×1=50$（kW）

　　　　　$P_2=S\cos\varphi_2=50×0.6=30$（kW）

　　　　　$P_3=S\cos\varphi_3=50×0.2=10$（kW）

答：负载功率因数分别为 1、0.6、0.2 时，变压器的输出有功功率为 50、30、10kW。

La3D3015　温度为10℃的水在管道中流动，管道直径 d 为 200mm，流量 q_V 为 100m³/h，10℃水的运动黏度 ν 为 $1.306×10^{-6}$m²/s，求水的流动状态是层流还是紊流？

解：管道中平均流速

$w=q_V/(\pi d^2/4)=4×100/(3600×3.14×0.2^2)=0.885(\text{m/s})$

雷诺数 $Re=wd/\nu=0.885×0.2/(1.306×10^{-6})=135\ 528$

临界雷诺数 $Re_c=2300$

因为 $135\ 528>2300$

所以此流动为紊流。

答：水的流动状态为紊流。

La3D3016　某换热设备中，已知对流换热系数 α_c 为 581.5W/($m^2 \cdot$ K)，壁面温度 $\bar{t}_w$ 为 300℃，流体温度 $\bar{t}_f$ 为 120℃，求每小时通过 A=10m^2 的换热面积的热量。

解：由牛顿冷却公式可知，换热量

$$\varPhi = \alpha_c A \left(\bar{t}_w - \bar{t}_f \right) = 581.5 \times 10 \times (300-120) \times 3600$$
$$=3\ 768\ 120(kJ)$$

答：每小时通过换热面的热量为 3 768 120kJ。

La3D4017　稳定流动的水蒸气进入凝汽器，其焓 h_1 为 3307kJ/kg，放热后凝结为水流出凝汽器，其焓 h_2 为 136kJ/kg。若蒸汽流量为 42.5t/h，冷却水通过凝汽器后的温度升高了 10℃，试求每小时冷却水从凝汽器带走的热量及冷却水的流量（水的比热容 c_p 为 4.187kJ/kg）。

解：冷却水从凝汽器带走的热量为蒸汽对凝汽器的放热

$$Q_1 = q_1 m_1 = \left(h_2 - h_1 \right) m_1$$
$$=(136-3307) \times 42.5 \times 10^3$$
$$= -134\ 767 \times 10^3\ （kJ/h）= -134\ 767\ （MJ/h）$$

负值表示放热

冷却水的流量为 m_2，吸热量 $Q_1 = m_2 c_p \Delta t$，则

$$m_2 = Q_1 / (c_p \Delta t)$$
$$=134\ 767 \times 10^3 / (4.187 \times 10)$$
$$=3218.7 \times 10^3\ （kg/h）=3218.7\ （t/h）$$

答：每小时冷却水从凝汽器带走的热量为 134 767MJ/h，冷却水的流量为 3218.7t/h。

Lb5D1018　1kg 的水，其压力为 0.1MPa，此时其饱和温度为 t_1=99.67℃，当压力不变时，若其温度 t_2=155℃，则过热

度为多少？

解：过热度为 $t_2-t_1=155-99.67=55.53℃$

答：过热度为 55.53℃。

Lb5D2019 某循环热源温度为 527℃，冷源温度为 27℃，在此温度范围内，循环可能达到的最大热效率 η_{max} 为多少？

解：已知 $T_1=527+273=800K$，$T_2=27+273=300K$

$$\begin{aligned}\eta_{max} &=[1-(T_2/T_1)]\times100\%\\&=[1-(300/800)]\times100\%\\&=62.5\%\end{aligned}$$

答：最大热效率为 62.5%。

Lb5D3020 某热力发电厂锅炉燃用的重油由供油管道供给，供油管道由两条管段组成。已知大管段直径 d_1 为 150mm，油的速度 w_1 为 0.33m/s；小管段直径 d_2 为 100mm，求一昼夜的供油量及小管段中油的流速 w_2（重油的重度 $\gamma=8.43kN/m^3$）。

解：流量 $q_V=w_1S_1=w_1\pi d_1^2/4$

$$=0.33\times3.14\times0.15^2/4=0.005\,8\ (m^3/s)$$

每天的供油重量 $G=\gamma q_V t=8.43\times0.005\,8\times24\times3600$

$$=4224.44\ （kN）$$

设供油量为 m，

则 $\qquad m=G/g=4224.44/9.8=431\,065\ （kg）\approx431t$

根据连续方程，则有

$$w_2=q_V/S_2=q_V/(\pi d_2^2/4)$$

$$=0.005\,8/(3.14\times0.1^2/4)=0.74(m/s)$$

答：一昼夜的供油量为 431t，小管段中油的流速为 0.74m/s。

Lb4D1021 某给水泵，已知直径 d_1 为 200mm 处的断面的平均流速 w_1 为 0.795m/s，求直径 d_2 为 100mm 处断面的平均流

速 w_2 为多少？

解：根据连续性流动方程式 $w_1S_1=w_2S_2$

则　　$w_2 = w_1S_1/S_2$

$$= w_1d_1^2/d_2^2 = 0.795\times0.1^2/0.05^2 = 3.18(\mathrm{m/s})$$

答：d_2 处断面的平均流速为 3.18m/s。

Lb4D2022　某输水管道由两段管子组成，已知第一段的直径 d_1 为 400mm，第二段直径 d_2 为 200mm，若第一段中平均流速 w_1 为 1m/s，试求第二段管子中的平均流速 w_2 为多少？

解：　　$d_1=400\mathrm{mm}=0.4\mathrm{m}$，$d_2=200\mathrm{mm}=0.2\mathrm{m}$

第一段管的过流断面面积

$$A_1 = \pi d_1^2/4 = 3.14\times0.4^2/4 = 0.125\,6(\mathrm{m}^2)$$

第二段管的过流断面面积

$$A_2 = \pi d_2^2/4 = 3.14\times0.2^2/4 = 0.031\,4(\mathrm{m}^2)$$

根据连续性方程 $w_1A_1=w_2A_2$

代入数据 $0.125\,6\times1=0.031\,4\times w_2$

所以　　$$w_2 = \frac{0.125\,6\times1}{0.031\,4} = 4(\mathrm{m/s})$$

答：第二段管子中的平均流速为 4m/s。

Lb4D3023　某地大气压力为 755mmHg，试将其换算成以 kPa、bar、at 为单位的数值。

解：因为 1mmHg=133Pa

所以 755mmHg=133×755=100 415（Pa）≈100kPa

又因为 1bar=0.1MPa=100kPa

所以 755mmHg=100kPa=1bar

又因为 1at=98kPa

所以 755mmHg=100kPa≈1at

答：755mmHg 合为 100kPa、1bar、1at。

Lb4D4024　有一离心抽水装置，已知泵的输水量 q_V =60 m³/h，吸水管内径 d 为 150mm，吸水管路的总水头损失 h_w 为 0.5m 水柱，水泵入口处真空表读数为 59.85kPa，若吸水池面积足够大，试求此时泵的吸水高度 h_g 应为多少？

解: 选吸水池液面 1-1 和泵的进口截面 2-2 列伯努利方程，并以 1-1 为基准面，则

$$z_1 + p_{1g}/(\rho g) + v_1^2/(2g) = z_2 + p_{2g}/(\rho g) + v_2^2/(2g) + h_w$$

其中 $z_1=0$，$z_2=h_g$，$p_{1g}=0$。由于吸水池的面积足够大，故 $v_1=0$，并且 $p_{2g}=-59.85$kPa

$$v_2 = 4q_V/(\pi d^2) = 4 \times 60/(3600 \times 3.14 \times 0.15^2) = 0.94 \text{（m/s）}$$

将已知条件代入伯努利方程，则

$$h_g = -p_{2g}/(\rho g) - v_2^2/(2g) - h_w$$

$$= 59850/(10^3 \times 9.81) - 0.94^2/(2 \times 9.81) - 0.5 = 5.56 \text{（m）}$$

答： 此时泵的吸水高度 h_g 应为 5.56m。

Lb4D5025　卡诺循环热机的热效率 η_c 为 40%，若它自高温热源吸热量 Q 为 4000kJ，而向 t_1 为 25℃ 的低温热源放热，试求高温热源的温度 t_2 及循环的有用功。

解：（1）冷源温度 $T_1 = t_1 + 273.15 = 25 + 273.15 = 298.15$（K）

根据公式 $\eta_c = 1 - T_1/T_2$

热源温度 $T_2 = T_1/(1 - \eta_c)$

$$= 298.15/(1 - 40\%)$$

$$= 496.9 \text{（K）}$$

$$t_2 = T_2 - 273.15 \approx 223.8 \text{（℃）}$$

（2）根据公式 $\eta_c = W/Q$，循环有用功

$$W = Q\eta_c = 4000 \times 40\% = 1600 \text{（kJ）}$$

答：高温热源的温度为 223.8℃，循环有用功为 1600kJ。

Lb3D1026 某凝汽式发电厂发电机的有功负荷 P 为 600MW，锅炉的燃煤量 B 为 247.7t/h，燃煤的低位发热量为 $Q_{ar, net}$=20 900kJ/kg，试求该发电厂的效率 η。

解：B=247.7t/h=247.7×10^3kg/h

$Q_{ar, net}$=20 900kJ/kg =2.09×10^4kJ/kg

发电厂锅炉输入热量 Q_{g1}=$BQ_{ar, net}$=247.7×10^3×2.09×10^4

$\qquad\qquad\qquad$ = 5.176 93×10^9（kJ/h）

发电厂的输出热量 Q_0=Pt=P×3.6×10^3

$\qquad\qquad\qquad$ =600×10^3×3.6×10^3=2.16×10^9（kJ/h）

所以 $\eta = \dfrac{Q_0}{Q_{g1}} = \dfrac{2.16×10^9}{5.176\ 93×10^9} = 0.417 = 41.7\%$

答：该电厂的效率为 41.7%。

Lb3D2027 有一单级双吸泵，设计工况点参数为：q_V = 18 000 m^3/h，H =20m，n=375 r/min。试求比转速是多少？

解：q_V =18 000 m^3/h=5 m^3/s

$$n_s = \frac{3.65n\sqrt{q_V/2}}{H^{3/4}} = 3.65 × \frac{375\sqrt{5/2}}{20^{3/4}} = 228$$

答：这台泵的比转速是 228。

Lb3D3028 一水泵的吸水管上装一个带滤网的底阀，并有一个铸造的 90° 弯头，吸水管直径 d 为 150mm，其流量 q_V 为 0.016m^3/s，求吸水管的局部阻力损失水头为多少（弯头的阻力系数 ζ_1=0.43，底阀滤网的阻力系数 ζ=3）？

解：$\qquad\qquad\qquad$ d=150mm=0.15m

流速 $\qquad\qquad$ w=q_V/(πd^2/4)=4×0.016/(3.14×0.15^2)

$\qquad\qquad\qquad$ =0.906（m/s）

局部阻力损失水头

$$\Sigma h=\zeta_1[w^2/(2g)]+\zeta[w^2/(2g)]=(\zeta_1+\zeta)[w^2/(2g)]$$
$$=(0.43+3)\times[0.906^2/(2\times9.81)]=0.143（m）$$

答：吸水管的局部阻力损失水头为 0.143m。

Lb3D3029 一台水泵，吸入管管径 d 为 200mm，流量为 q_V=77.8L/s，样本上给定[H_s]=5.6m，估计吸入管路阻力损失 h_w=0.5m，求在标准状态（p=1.013×10^{5}N/m^2，t=20℃）下，抽送清水时的几何安装高度[H_g]。

解： d=200mm=0.2m

泵吸入管速度

$$w_1=q_V/S=4q_V/(\pi d^2)=4\times77.8\times10^{-3}/(3.14\times0.2^2)=2.48（m/s）$$

速度头

$$w_1^2/(2g) = 2.48^2/(2\times9.81) = 0.31(m)$$

在标准状态下的几何安装高度

$$[H_g] = [H_s] - w_1^2/(2g) - h_w = 5.6 - 0.31 - 0.5 = 4.79(m)$$

答：在标准状态下抽送清水时的几何安装高度为 4.79m。

Lb3D3030 离心式水泵叶轮进口宽度 b_1 为 3.2cm，出口宽度 b_2 为 1.7cm，叶轮进口直径 D_1 为 17cm，叶轮出口直径 D_2 为 38cm，叶片进口几何角（安装角）β_{1g} 为 18°，叶片出口几何角 β_{2g}=22.5°。倘若液体径向流入叶轮，在泵转速 n 为 1450r/min 时，液体在流道中的流动与叶片弯曲方向一致，试求叶轮中通过的流量 q_V（不计叶片厚度）。

解：周向流速 $u_1=\pi D_1 n/60=3.14\times0.17\times1450/60=12.9（m/s）$

$$u_2=\pi D_2 n/60=3.14\times0.38\times1450/60=28.9（m/s）$$

因为速度三角形中，绝对速度与周向流速的夹角，β_1=β_{1g}=18°

根据 u_1 和 β_1，做叶片进口速度三角形，如图 D-1 所示。

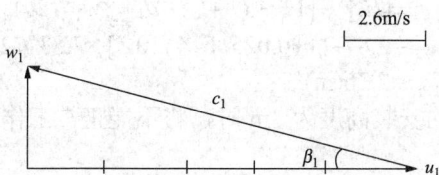

2.6m/s

图 D-1

由题中知，液体径向流入叶轮，所以 $w_1=w_{1r}$

$$w_1=w_{1r}=u_1\tan\beta_{1g}=12.9\times0.324\,9=4.19\,（m/s）$$

$$q_V=\pi D_1 b_1 w_{1r}=3.14\times0.17\times0.032\times4.19=0.072\,（m^3/s）$$

答：叶轮中通过的流量为 $0.072m^3/s$。

Lb3D4031　20Sh–13 型离心泵，吸水管直径 d_1 为 500mm，样本上给出的允许吸上真空高度 $[H_s]$ 为 4m。吸水管的长度 l_1 为 6m，局部阻力的当量长度 l_e 为 4m，沿程阻力系数 λ 为 0.025。试计算泵的流量 q_V 为 2000m³/h、安装高度 H 为 3m 时，是否能正常工作（水的温度为 30℃，汽化压力高度 H_v=0.43m；当地海拔高度为 800m，大气压力高度 H_a=9.4m）？

解：吸水管断面积

$$A=\pi d^2/4$$
$$=3.14\times0.5^2/4=0.196\,（m^2）$$

吸水管中的流速

$$w_1=q_V/(3600\times A)$$
$$=2000/(3600\times0.196)=2.83\,（m/s）$$

泵在水温 30℃、海拔高度为 800m 时，允许吸上真空高度

$$[H_s]'=[H_s]+(H_a-10.33)+(0.23-H_v)$$
$$=4+(9.4-10.33)+(0.23-0.43)=2.87(m)$$

根据公式，泵的最大安装高度

$$H_{1max}=[H_s]'-[w_1^2/(2g)+h_{w1}]$$
$$=[H_s]'-[w_1^2/(2g)+\lambda\,(l_1+l_e)/d_1\times w_1^2/(2g)]$$

$$=[H_s]' -[1+\lambda(l_1+l_e)/d_1]\times w_1^2/(2g)$$
$$=2.87-[1+0.025(6+4)/0.5]\times 2.83^2/(2\times 9.81)$$
$$=2.26(m)$$

答：泵的安装高度为 3m 时，将不能正常工作。

Lb3D4032 若水泵流量 q_V 为 25L/s，泵出口压力表读数 p_B 为 32×10^4Pa，入口处真空表读数 p_m 为 4×10^4Pa，吸入管直径 d_1 为 100cm，出水管直径 d_2 75cm，电动机功率表读数 p_g 为 12.6kW，电动机效率 η_1 为 0.9，传动效率 η_2 为 0.97。试求泵的轴功率、有效功率及泵的总效率。

解：$d_1=100$cm$=1$m，$d_2=75$cm$=0.75$m

泵入口的流速 $w_1=q_V/A_1=4q_V/(\pi d_1^2)$
$$=4\times 25\times 10^{-3}/(3.14\times 1^2)=0.032 \text{（m/s）}$$

泵出口的流速 $w_2=q_V/A_2=4q_V/(\pi d_2^2)$
$$=4\times 25\times 10^{-3}/(3.14\times 0.75^2)=0.057 \text{（m/s）}$$

水获得的能量 $H=(p_B+p_m)/(\rho g)+(w_2^2-w_1^2)/(2g)$
$$=(32\times 10^4+4\times 10^4)/(1000\times 9.81)+$$
$$(0.057^2-0.032^2)/(2\times 9.81)=36.69 \text{（m）}$$

所以泵的有效功率 $P_e=\rho g q_V H/1000=1000\times 9.81\times 25\times 10^{-3}\times$
$$36.69/1000=8.998 \text{（kW）}$$

所以泵的总效率 $\eta=P_e/(P_g\eta_1\eta_2)\times 100\%=8.998/(12.6\times$
$$0.9\times 0.97)\times 100\%=81.8\%$$

泵的轴功率 $P_{sh}=P_e/\eta=8.998/0.818=11 \text{（kW）}$

答：泵的轴功率为 11kW，有效功率为 8.998kW，泵的总效率为 81.8%。

Lb3D5033 离心泵叶轮直径 D_2 为 360mm，出口有效截面积 A_2 为 0.023m^2，叶片出口几何角 β_{2g} 为 30°，如不计叶轮进口的预旋（$c_{1u}=0$），求转速 n 为 1480r/min、流量 q_V 为 83.8L/s 时的理论扬程 H_T（设 $K=0.82$）。

解：周向流速 $u_2=\pi n D_2/60=3.14\times1480\times0.36/60=27.88$（m/s）

出口轴面速度 $w_{2r}=q_V/A_2=83.8\times10^{-3}/0.023=3.64$（m/s）

所以，由叶轮出口速度三角形得

$w_{2u}=u_2-c_{2r}\cot\beta_{2g}=27.88-3.64\times1.732=21.58$（m/s）

由 $w_{1u}=0$，得

$H_T=u_2 w_{2u}K/g=27.88\times21.58\times0.82/9.81=50.29$（m）

答：转速为 1480r/min，流量为 83.8L/s 时的理论扬程为 50.29m。

Lc5D1034　试计算标准煤低位发热量 7000kcal/kg 为多少 kJ/kg？

解：因为 1kcal/kg=4.181 6kJ/kg

所以标准煤低位发热量=7000×4.181 6=29 271.2（kJ/kg）

答：标准煤低位发热量为 29 271.2kJ/kg。

Lc4D1035　两根输电线，每根的电阻为 1Ω，通过的电流年平均值为 50A，一年工作 4200h，求此输电线一年内的电能损耗是多少？

解：已知 $R_1=R_2=1\Omega$，$I=50A$，$t=4200h$，

两根输电线的等效电阻 $R=2\times1=2$（Ω）

电能损耗

$W=I^2Rt=50^2\times2\times4200=21\times10^6$（W·h）=21 000kW·h

答：此输电线一年内的电能损耗为 21 000kW·h。

Lc4D1036　设人体最小电阻为 1000Ω，当通过人体的电流达到 50mA 时，就会危及人身安全，试求安全工作电压值 U。

解：已知 $R=1000\Omega$，$I=50mA=0.05A$

$U=IR=0.05\times1000=50$（V）

答：安全工作电压应小于 50V，一般采用 36V。

Lc3D2037　某电容器额定电压 U_n 为 250V，试计算它能否

用在交流电压 U 为 220V 的电源上？

解：当它接在 220V 的交流电源上时，所承受的电压幅值

$$U_m = \sqrt{2}\ U = 1.41 \times 220 = 310\ (V) > 250V$$

超过电容器的耐压标准，可能使电容器击穿，故不能接在 220V 的交流电路上。

答：此电容器不能接在 220V 的交流电路上。

Lc3D3038 小型三相异步电动机，其功率因数为 0.85，效率为 0.9，额定电压为 380V，试估计额定电流与电动机千瓦数的近似关系。

解：$I_e = P_e \times 10^3 / (\sqrt{3}\ U_e \times \eta \times \cos\varphi)$

$\qquad = P_e \times 10^3 / (\sqrt{3} \times 380 \times 0.9 \times 0.85)$

$\qquad = 1.99 P_e \approx 2 P_e$

答：380V 小型三相电机的额定电流约为额定功率千瓦数的 2 倍。

Lc3D2039 大型三相异步电动机，其功率因数为 0.85，效率为 0.9，额定电压为 6000V，试估计额定电流与电机千瓦数的近似关系。

解：$I_e = P_e \times 10^3 / (\sqrt{3}\ U_e \times \eta \times \cos\varphi)$

$\qquad = P_e \times 10^3 / (\sqrt{3} \times 6000 \times 0.9 \times 0.85)$

$\qquad = 0.125\ 8 P_e \approx 1/8 P_e$

答：6000V 型三相电机的额定电流约为额定功率千瓦数的 1/8。

Jd5D1040 锅炉汽包压力表读数为 9.604MPa，大气压力表的读数为 101.7kPa，求汽包内工质的绝对压力 p。

解：已知 $p_1 = 9.604$MPa，$B = 101.7$kPa $= 0.102$MPa

$\qquad p = p_1 + B = 9.604 + 0.102 = 9.706\ (MPa)$

答：汽包内工质的绝对压力为 9.706MPa。

Jd5D1041　一台 5 万 kW 汽轮机的凝汽器,其表面单位面积上的换热量 Q 为 23 000W/m^2,凝汽器铜管内、外壁温差 Δt 为 2℃,求水蒸气的凝结换热系数 α。

解:根据公式 $Q=\alpha\Delta t$

$\alpha=Q/\Delta t=23\ 000/2=11\ 500[\text{W}/(\text{m}^2\cdot℃)]$

答:水蒸气的凝结换热系数 11 500W/(m^2·℃)。

Jd5D1042　有质量 m 为 10t 的水流经加热器,它的焓从 h_1 为 202kJ/kg 增加到 h_2 为 352kJ/kg,求 10t 水在加热器内吸收了多少热量 Q?

解:$Q=m(h_2-h_1)=10\times10^3\times(352-202)=1.5\times10^6$(kJ)

答:10t 水在加热器内吸收了 1.5×10^{6}kJ 的热量。

Jd5D1043　已知锅炉需要供水量 Q 为 800t/h,给水的流速 w 为 4m/s,计算过程中不考虑其他因素,应当选择管子的内径 D 为多少(水的密度 ρ 为 1t/m^3)?

解:锅炉所需供水量换算成体积为

$$q_V=Q/\rho=800/1=800(\text{m}^3/\text{h})$$
$$=800/3600=0.222(\text{m}^3/\text{s})$$

因为管子的截面积 $A=q_V/w=0.222/4=0.055\ 55$(m^2)

因为 $A=\pi D^2/4$

所以 $D=(4A/\pi)^{1/2}=(4\times0.055\ 55/3.14)^{1/2}=0.266$(m)

答:选择的管子内径应为 0.266m。

Jd4D1044　为了测定凝汽器内的压力,将一根玻璃管底端插入装有水银的容器中,玻璃管垂直固定,并将玻璃管顶端与凝汽器相接通。若玻璃管中的水银上升高度距容器液面的距离 h 为 706mm,求凝汽器内的绝对压力及其真空值(当地大气压 p 为 9.807×10^{4}Pa,重度 γ_{Hg} 为 13.34×10^{4}N/m^3)。

解:根据流体静力学基本方程可知,凝汽器的绝对压力

$p_1 = p - \gamma_{Hg}h = 9.807 \times 10^4 - 13.34 \times 10^4 \times 0.706 = 3890$（Pa）

凝汽器的真空值 $p_V = p - p_1 = 9.807 \times 10^4 - 3890 = 94\,180$（Pa）

答：凝汽器内的绝对压力为 3890Pa，真空值为 94 180Pa。

Jd4D2045　某汽轮机凝结水温度为 42℃，过冷度为 2℃，凝汽器循环水出水温度为 33℃，求凝汽器的端差是多少？

　　解：排汽温度=过冷度+凝结水温度=42+2=44（℃）

　　　　端差=排汽温度−出水温度=44−33=11（℃）

　　答：端差为 11℃。

Jd3D1046　发电机的线电压为 10.5kV，当绕组为星型接线时，各项绕组的电压是多少？

　　解：已知 $U_L = 10.5$kV

根据公式

$$U_{ph} = U_L / \sqrt{3} = 10.5 / \sqrt{3} = 6.06 \text{（kV）}$$

　　答：各组绕组的电压是 6.06kV。

Jd3D2047　星型连接的三相电动机，运行时的功率因数 $\cos\varphi$ 为 0.8，若电动机的相电压 U_{ph} 为 220V，相电流 I_{ph} 为 10A，试求电动机的有功功率 P 和无功功率 Q。

　　解：$P = 3U_{ph}I_{ph}\cos\varphi = 3 \times 220 \times 10 \times 0.8 = 5280$（W）

　　　　$\sin\varphi = (1 - \cos^2\varphi)^{1/2} = (1 - 0.8^2)^{1/2} = 0.6$

　　　　$Q = 3U_{ph}I_{ph}\sin\varphi = 3 \times 220 \times 10 \times 0.6 = 3960$（W）

　　答：电动机有功功率为 5280W，无功功率为 3960W。

Jd3D3048　一台输送 70℃ 热水的泵，吸入液面压力为 70×10^3Pa，n 为 960r/min，吸入管路阻力损失为 1.2m，汽蚀安全余量 k 为 0.5m。选用小一半尺寸的模型泵，在 20℃水温和标准大气压下，n 为 1450r/min 时，测得临界汽蚀余量 Δh_c 为 2m。试求热水泵允许的安装几何高度（已知 70℃热水的饱和蒸

汽压力 p_v =31. 155 7×10³Pa，密度ρ =977. 8kg/m³)。

解：热水泵的临界汽蚀余量

$$\Delta h_{cp} = \Delta h_c \frac{(nD)_p^2}{(nD)^2} = 2\left(\frac{960 \times 2}{1450 \times 1}\right)^2 = 3.51 \ (\text{m})$$

热水泵的允许汽蚀余量

$$[\Delta h] = \Delta h_{cp} + 0.5 = 3.51 + 0.5 = 4.01 \,(\text{m})$$

热水泵的几何安装高度

$$[H_g] = p_0 /(\rho g) - p_v /(\rho g) - h_w - [\Delta h]$$
$$= (70 \times 10^3) / (977.8 \times 9.81)$$
$$-(31.155\ 7 \times 10^3)/(977.8 \times 9.81) - 1.2 - 4.01$$
$$= -1.16 \ (\text{m})$$

安装高度为负值，表示为倒灌高度。

答：热水泵允许的安装几何高度为-1.16m。

Je5D1049 某发电厂一昼夜发电 1.2×10⁶kW·h，求此功应由多少热量 Q 转换而来（不考虑其他能量损失）？

解：因为 1kW·h=1×10³J/s×3600s=3. 6×10³kJ

所以 Q=3.6×10³×1.2×10⁶=4.32×10⁹（kJ）

答：此功应由 4.32×10⁹kJ 的热量转换来。

Je5D1050 有输送冷水的离心泵，当转速为 1450r/min 时，流量 q_V 为 1.24m³/s，扬程 H 为 70m，此时所需的轴功率 P_{sh} 为 1100kW，求水泵的效率。

解：泵的有效功率

$P_e = \rho g q_V H$=1000×9.81×1.24×70=851 508（W）
=851.508kW

所以 $\eta = \dfrac{P_e}{P_{sh}} = \dfrac{851.508}{1100} \times 100\% = 77.4\%$

答：该水泵的效率为77.4%。

Je5D2051 一锅炉炉墙采用水泥珍珠岩制件，壁厚 δ 为120mm，已知内壁温度 t_1 为450℃，外壁温度 t_2 为45℃，水泥珍珠岩的导热系数 λ 为 0.094W/(m·℃)，试求每平方米炉墙每小时的散热量。

解： 每平方米炉墙每秒钟的散热量

$q=\lambda(t_1-t_2)/\delta=0.094\times(450-45)/(120\times10^{-3})=317.25$（J）

每平方米炉墙每小时的散热量

$Q=q\times3600=317.25\times3600=1\ 142\ 100$（J）$=1142.1$kJ

答： 每平方米炉墙每小时散热量为 1142.1kJ。

Je5D3052 1kg 蒸汽在锅炉中吸热量 q_1 为 2.51×10^3kJ，蒸汽通过汽轮机做功后，在凝汽器中放出热量 q_2 为 2.09×10^3kJ，蒸汽流量为 440t/h，如果做的功全部用来发电，问每天能发多少（不考虑其他能量损失）？

解： 已知 $m=440$t$=4.4\times10^5$kg

440t 蒸汽做功的热量

$Q=m(q_1-q_2)=4.4\times10^5\times(2.51-2.09)\times10^3=1.848\times10^8$kJ

因为 1kW·h=3600kJ 所以 1kJ=1/3600kW·h

$=2.78\times10^{-4}$kW·h

每天发电量

$W=2.78\times10^{-4}\times1.848\times10^8\times24=123.3\times10^4$（kW·h）

答： 每天发电量为 1.233×10^6kW·h。

Je5D4053 某水泵出口有一段直管，长 l 为 30m，管子内径 d 为 0.15m，阻力系数 λ 为 0.04，计算当流速 w 为 2m/s（这时流量为 30L/s 时）的管道阻力。

解： 沿程阻力损失

$h=\lambda l/d(w^2/2g)=(0.04\times30/0.15)\times[2^2/(2\times9.81)]$

$$=1.632 \text{（m）}$$

答：管道阻力为 1.632m。

Je5D5054 输送 20℃清水的离心泵，在转速为 1450r/min 时，总扬程 H 为 25.8m，流量 q_V 为 170m³/h，轴功率 P_{sh} 为 15.7kW，容积效率 η_v 为 0.92，机械效率 η_m 为 0.90，求泵的流动效率 η_h。

解：泵的有效功率

$$P_e = \rho g q_V H / 1000 = (1000 \times 9.81 \times 170 \times 25.8)/(1000 \times 3600)$$
$$= 11.95 \text{（kW）}$$

效率 $\eta = P_e / P_{sh} = 11.95/15.7 = 0.761$

因为 $\eta = \eta_v \eta_m \eta_h$

所以 $\eta_h = \eta/(\eta_m \eta_v) = 0.761/(0.92 \times 0.9) = 0.92$

答：泵的流动效率 η_h 为 0.92。

Je4D1055 某汽轮发电机额定功率为 20 万 kW，求 1 个月内（30d）该机组的额定发电量为多少？

解：已知 $P = 20 \times 10^4 \text{kW}$，$t = 24 \times 30 = 720 \text{（h）}$

$$W = Pt = 20 \times 10^4 \times 720 = 1.44 \times 10^8 \text{（kW·h）}$$

答：该机组在 1 个月内发电量为 $1.44 \times 10^8 \text{kW·h}$。

Je4D2056 有一台水泵，当流量 q_{V1} 为 35m³/h 时，用转速 n 为 1450r/min 的电动机带动；当流量增加到 q_{V2} 为 70m³/h 时，问电动机的转速 n_1 应为多少？

解：由相似定律公式 $q_{V1}/q_{V2} = n/n_1$，得

$$n_1 = n q_{V2} / q_{V1} = 1450 \times 70/35 = 2900 \text{(r/min)}$$

答：电动机的转速为 2900r/min。

Je4D2057 有一台水泵若采用变速调节，当流量 q_V 为 35m³/h 时的扬程 H 为 62m，用转速 n 为 1450r/min 的电动机带动；当转速提高到 n_1 为 2900r/min 时，问水泵的扬程为多少？

解：由公式 $H/H_1=(n/n_1)^2$，得

$H_1=H\times(n_1/n)^2=62\times(2900/1450)^2=248$（m）

答：水泵的扬程为 248m。

Je4D3058 某台水泵采用变速调节，用轴功率 P_{sh} 为 7.6kW 的电动机带动，当其转速由 n 为 725r/min 上升到 n_1 为 1450r/min 时，问其电动机的轴功率为多少？

解：由 $P=P_1(n/n_1)^3$ 得 $P_1=P(n_1/n)^3=7.6\times(1450/725)^3=$ 60.8（kW）

答：电动机的轴功率为 60.8kW。

Je4D3059 欲将某管路系统的低位水箱的水提高高度 h 为 30m，然后送入高位水箱，低位水箱容器液面上的压力 p_b 为 10^5Pa，高位水箱容器液面上的压力 p_h 为 4000×10^3Pa，整个管路系统的流动阻力 H_w 为 27.6m，选择泵时至少应保证的扬程为多少？

解： $H=h+(p_h-p_b)/(\rho g)+H_w=30.0+(4000\times10^3-10^5)/$
$(1000\times9.81)+27.6=455.2$（m）

答：选择泵时至少保证 455.2m 的扬程。

Je4D3060 某汽轮发电机额定功率为 300MW，带额定功率时的主蒸汽流量为 940t/h，求汽耗率 d 为多少？

解：已知电功率 $P=300\,000$kW，主蒸汽流量 $q_m=940\,000$kg/h，则

$$d=\frac{q_m}{P}=\frac{940\,000}{300\,000}=3.13[\text{kg}/(\text{kW}\cdot\text{h})]$$

答：汽耗率为 3.13kg/（kW·h）。

Je4D4061 某汽轮机额定工况下的低压缸排汽量为 600t/h，凝汽器的冷却水量为 40 000t/h，求循环水的冷却倍率

为多少？

解： 已知进入凝汽器的汽量 D_1=600t/h，凝汽器的冷却水量 D_2=40 000t/h

凝汽器的循环倍率 $m = \dfrac{D_2}{D_1} = \dfrac{40\,000}{600} = 67$ （倍）

答： 循环水的冷却倍率为 67 倍。

Je4D4062 某台机组，锅炉每 24h 烧煤量 B 为 2800t，燃煤的低位发热量 $Q_{ar,\,net}$ 为 21 995kJ/kg，其中 28%变为电能，试求该机组单机容量 P 为多少（1kW·h=3600kJ）？

解： P=0.28$BQ_{ar,\,net}$/(3600×24)=0.28×(2800×10^3×21 995)/
(3600×24)=19 9584（kW）≈200MW

答： 该机组容量为 200MW。

Je4D4063 8BA–18 型离心泵最佳工况下的流量 q_V 为 80L/s，扬程 H 为 17m，转速 n 为 1450r/min，试计算该泵的比转速。

解： 比转速 n_s=3.65$nq_V^{1/2}$/$H^{3/4}$=3.65×1450×0.08$^{1/2}$/17$^{3/4}$=179

因为在此泵型号数字中，18 代表了缩小 1/10

所以化成整数比转速为 n_s=180。

答： 8BA–18 型离心泵的比转速为 180。

Je4D5064 已知 DG270–140 型水泵，设计工况点的参数流量 q_V 为 270m^3/h，扬程 H 为 1470m，转速 n 为 2985r/min，级数 i 为 10，试计算比转速 n_s。

解： n_s=3.65×$nq_V^{1/2}$/$(H/i)^{3/4}$
=3.65×2985×$(270/3600)^{1/2}$/$(1470/10)^{3/4}$=70.7

答： 比转速为 70.7。

Je3D1065 有一八级给水泵，每一级叶轮前后的压力差 Δp

为 1.0MPa。轴径 d 为 12cm，卡圈直径 D_1 为 22cm，则每级叶轮上的轴向推力为多少，总的轴向推力为多少？

解：级的轴向推力

$$F_a = \Delta p \times \pi (D_1^2 - d^2)/4$$
$$= 1 \times 10^6 \times 3.14 \times (0.22^2 - 0.12^2)/4$$
$$= 2.67 \times 10^4 \text{ N}$$

级数 i=8，则总的轴向推力

$$F = F_a i = 2.67 \times 10^4 \times 8 = 2.14 \times 10^5 \text{N}$$

答：每级叶轮上的轴向推力为 2.67×10^4N，总的轴向推力为 2.14×10^5N。

Je3D1066 一台油泵的扬程 H 为 35m，叶轮外径 D_2 为 174mm，如果要使油泵的扬程减少到 H' 为 30m，问叶轮外径 D_2 应切削多少？

解：由切削定律 $H/H' = (D_2/D_2')^2$，得切削后的叶轮外径

$$D_2' = \sqrt{H'/H} \times D_2 = \sqrt{30/35} \times 174 = 161 \text{（mm）}$$

切削量 $\Delta a = (D_2 - D_2')/2 = (174 - 161)/2 = 6.5$（mm）

答：叶轮外径 D_2 应切削 6.5mm。

Je3D2067 某水泵以转速 n 为 3600r/min 旋转时，相对应的扬程 H 为 128m，流量 q_V 为 1.23m³/min，为满足该流量，拟采用比转速 n_s 为 85～133 范围的单吸多级泵，试确定所用泵叶轮的级数 i？

解：试用 2 级时，$i_1 = 2$，比转速

$$n_{s1} = 3.65 n q_V^{1/2}/(H/i_1)^{3/4} = 3.65 \times 3600 \times$$
$$(1.23/60)^{1/2}/(128/2)^{3/4} = 83.1 < 85$$

可见比转速值较小，不在要求的比转速范围内，故不能采用 2 级

试用 3 级时，$i_2 = 3$，比转速

$$n_{s2}=3.65nq_V^{1/2}/(H/i_2)^{3/4}=3.65\times3600\times(1.23/60)^{1/2}/(128/3)^{3/4}$$
$$=113$$

这时，比转速已在要求的范围内，故应选用 3 级。

答：选用 3 级叶轮泵。

Je3D3068 某台凝结水泵从密闭容器中抽吸饱和状态水，容器内液面压力等于汽化压力。已知该泵的汽蚀余量 Δh 为 0.6m，吸水管路的总阻力损失 $\sum h_s$ 为 0.3m。求此泵的几何安装高度或倒灌几何高度。

解：因该泵装置的吸水池液面压力为汽化压力，故泵必须位于吸水池液面之下，即采用倒灌几何高度。

$$[H_d]= -(p_e-p_v)/(\rho g)+\Delta h+\sum h_s$$
$$=0+0.6+0.3=0.9 \text{（m）}$$

答：此泵的倒灌几何高度至少 0.9m。

Je3D4069 单级离心泵，性能参数为 $n=1420$r/min，$Q=73.5$L/s，$H=14.7$m，$P=3.3$kW。现若改用转速为 2900r/min 的电动机驱动，工况仍保持相似，则其各参数值将为多少？

解：已知 $n=1420$r/min，$Q=73.5$L/s，$H=14.7$m，$P=3.3$kW，$n_1=2900$r/min

根据相似定律

$$Q_1= n_1/n\, Q= 2900/1420 \times73.5=150.1 \text{（L/s）}$$
$$H_1=(n_1/n)^2 H=(2900/1420)^2\times14.7=61.3 \text{（m）}$$
$$P_1=(n_1/n)^3 P=(2900/1420)^3\times3.3=28.1 \text{（kW）}$$

答：若改用转速为 2900r/min 的电动机驱动，则其性能参数将为 $Q_1=150.1$L/s，$H_1=61.3$m，$P=28.1$kW。

Je3D4070 已知离心泵流量 q_V 为 4000L/s，转速 n 为 495r/min，倒灌高度 h_g 为 2m，吸入管阻力损失 p_1 为 6000Pa，

吸入液面压力 p_0 为 $101.3×10^3$Pa，水温 35℃，试求水泵的汽蚀比转速 C 为多少（水温为 35℃时，$\rho=994$kg/m^3，$p_v=5.619\ 2×10^2$Pa）？

解：因为，当有效汽蚀余量变化量 Δh_a 等于必需汽蚀余量变化量 Δh_r 时，泵才发生汽蚀

$$\Delta h_a= (p_0-p_v)/(\rho g)+hg-p_1/(\rho g)$$
$$= (101.3×10^3-5.619×10^3)/(994×9.81) +$$
$$2-6000/(994×9.81)=11.2\ (m)$$

$$C=5.62\ nq_V^{1/2} / \Delta h_r^{3/4}=5.62×495×(4000×10^{-3})^{1/2}/11.2^{3/4}=908$$

答：水泵的汽蚀比转速为 908。

Je3D4071 402LB–50 型立式轴流泵，在转速 n 为 585r/min 时，流量 q_V 为 1116m^3/h，扬程 H 为 14.6m，由泵样本上查得泵的汽蚀余量 Δh 为 12m。若水温为 40℃，当地大气压力 p 为 100kPa，吸入管的阻力损失 h_w 为 0.5m，试求泵的最大安装高度为多少（已知 40℃水的 $H_{vp}=0.75$m）？

解：大气压力高度

$$H_a=p_a/\rho g=100×1000/9807=10.20\ (mH_2O)$$

所以泵的最大安装高度为

$$H_{max}=H_a-H_{vp}-\Delta h-h_w$$
$$=10.20-0.75-12-0.5$$
$$= -3.05\ (m)$$

答：计算结果为负值，说明泵的叶轮进口中心应在水面下 3.05m 处。

Je3D5072 图 D-2 所示是 10SN×3 型凝结水泵在转数 n 为 960r/min 时的 q_{V1}—H_1 性能曲线和管道系统特性曲线 DE，试问当该泵的转速降低到 n_2 为 900r/min 运行时，管道系统中流量减少多少？

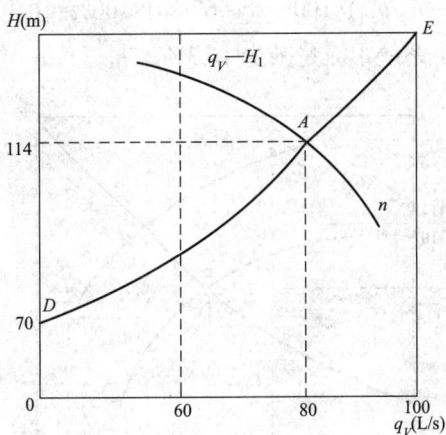

图 D-2

解：由图 D-2 中可知，A 点工作参数为

$$q_{V1}=80\text{L/s}，H_1=114\text{m}，n=960\text{r/min}$$

按比例定律，由 q_V—H_1 性能曲线上各点，求出转速为 n_2 时各对应的工况相似点数值，其换算关系为

$$q_{V2}=q_{V1}n_2/n=q_{V1}\times900/960=0.938q_{V1}$$
$$H_2=H_1(n_2/n)^2=H_1\times(900/960)^2=0.879H_1$$

列表格，如表 D-1 所示。

表 D-1 q_V—H 性能曲线

q_{V1}（L/s）	0	20	40	60	80	100
H_1（m）	125	125	123	120	114	104
q_{V2}（L/s）	0	18.8	37.6	56.3	75	93.8
H_2（m）	109.9	109.9	108.1	105.5	100.2	91.4

根据表找出各点，绘出 q_{V2}—H_2 性能曲线，如图 D-3 所示，DE 与 q_{V2}—H_2 交点 B 的参数为 q_{V2}=67L/s，H_2=103m

所以流量减少的百分数为

$$(1-q_{V2}/q_{V1}) \times 100\% = (1-67/80) \times 100\% = 16.3\%$$

答：管道系统中流量减少 16.3%。

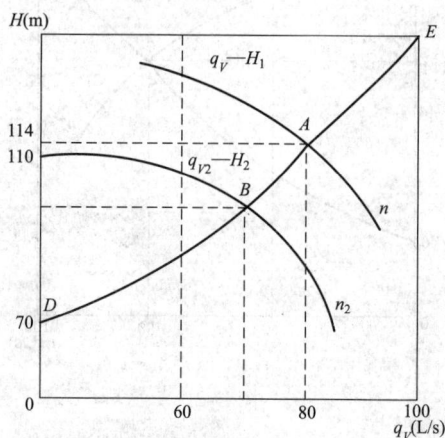

图 D-3

Je3D5073 电厂给水泵中心位于标高 Z_B 为 1m 处，给水由除氧器水箱供给，除氧器水面上的压力 p_2 为 600kPa，吸入管道直径 d_1 为 250mm，管长 l_1 为 30m，沿程阻力系数 λ_1 为 0.025，局部阻力系数的和 $\Sigma \xi_1$ 为 15。给水泵出口的水送至锅炉汽包，压出管道直径 d_2 为 242mm，沿程阻力系数 λ_2 为 0.028，管长 l_2 为 150m，局部阻力系数之和 $\Sigma \xi_2$ 为 200，汽包内水面上的压力 p_B 为 10^4kPa。给水系统内加热器、省煤器等设备的阻力损失 h_w 为 194m。除氧器水面的标高 Z_A 为 14m，汽包液面标高 H_Z 为 37m。若给水泵流量 $Q_G=2300$kN/h，给水重度 γ 为 9.818kN/m³，试确定给水泵所必需的扬程 H。

解：根据公式

吸入管道中的流速

$w_1 = Q_G/(3600A_1) = Q_G/(3600\pi d_1^2/4)$
$\quad = 2300/(3600 \times 9.818 \times 0.785 \times 0.25^2) = 1.33$（m/s）

压出管道中的流速

$w_2 = Q_G/(3600A_2) = Q_G/(3600\pi\,d_2^2\,/4)$

$\quad = 2300/(3600\times9.818\times0.785\times0.242^2) = 1.42$（m/s）

吸入管道的阻力损失

$h_{w1} = (\lambda_1 l_1/d_1 + \Sigma\zeta_1)\,w_1^2\,/(2g)$

$\quad = (0.025\times30/0.25+15)\times1.33^2/(2\times9.81) = 1.62$（m）

出口管道的阻力损失

$h_{w2} = (\lambda_2 l_2/d_2 + \Sigma\zeta_2)\,w_2^2\,/(2g) = (0.028\times150/0.242+200)\times$

$\quad 1.42^2/(2\times9.81) = 22.34$（m）

所以给水系统的总阻力损失

$\quad H_w = h_{w1} + h_{w2} + h_w = 1.62+22.34+194 = 217.96$（m）

汽包与除氧器的液面压差

$\quad H_p = (p_B - p_2)/\gamma = (10\,000-600)/9.81 = 958.21$（m）

汽包与除氧器的高度差 $H_q = H_Z - Z_A = 37-14 = 23$（m）

由给水系统所需的能头应该等于给水泵的扬程，所以

$\quad H = H_p + H_q + H_w = 958.21+23+217.96 = 1199.17$（m）

答：给水泵的扬程为 1199.17m。

Je3D5074　在大气压力为 90 636Pa 的地方，用泵输送水温为 45℃的热水。吸入管路的阻力损失 $h_w = 0.8$m，等直径吸入管路内的热水流速 $v = 4$m/s。若泵的允许吸上高度 $[H_s]$ 为 7.5m，则泵的允许安装几何高度为多少（45℃的热水对应的饱和压力为 $9.581\,1\times10^{-3}$Pa，密度为 990.2kg/m³）？

解：当地大气压对应的水柱

$\quad H_{amb} = 90\,636/9810 = 9.24$（m）

热水 45℃时的饱和压力水柱

$\quad H_v = 9.581\,1\times10^{-3}/(990.2\times9.81) = 0.99$（m）

对泵的允许吸上高度 $[H_s]$ 修正值

$\quad [H_s]' = [H_s] + (H_{amb}-10.33) + (0.23-H_v)$

$\quad = 7.5 + (9.24-10.33) + (0.23-0.99)$

=5.65（m）

泵允许的安装几何高度

$$[H_g]=[H_s]'-[v_s^2/2g+h_w]$$

$$=5.65-[4^2/(2\times9.81)+0.8]=4.03（m）$$

答：泵的允许安装几何高度为 4.03m。

Jf5D1075 某台 500MW 发电机组年可用小时为 7387.6h，非计划停运 5 次，计划停运 1 次，求平均连续可用小时为多少？

解：平均连续可用小时=可用小时/（计划停运次数+非计划停运次数）=7387.6/(5+1)=1231.27（h）

答：平均连续可用 1231.27h。

Jf4D1076 某台 200MW 发电机组，年发电量为 114 800 万 kW·h，求该机组年利用小时数 T_s。

解：已知 W_{nd}=114 800×10⁴kW·h，P=20×10⁴kW

$T_s=W_{nd}/P$=114 800×10⁴/(20×10⁴)=5740（h）

答：该机组年利用小时为 5740h。

Jf4D2077 某汽轮发电机组设计热耗为 8792.28kJ/（kW·h），锅炉额定负荷热效率为 92%，管道效率为 99%，求该机组额定负荷设计发电煤耗是多少（标准煤耗低位发热量为 29 271kJ/kg）？

解：设计发电煤耗=汽轮机设计热耗/（锅炉额定负荷热效率×管道效率×标准煤耗低位发热量）

$$=8792.28/(0.92\times0.99\times29\ 271)$$

$$=329.8g/（kW·h）$$

答：该机组设计发电煤耗为 329.8g/（kW·h）。

Jf4D3078 汽轮机润滑油压保护用压力开关的安装标高 h_1 为 5m，汽轮机转子标高 h_2 为 10m，若要求汽轮机润滑油压

小于 p_1 为 0.08MPa 时发出报警信号,则此压力开关的下限动作值 p_2 应设定为多少(润滑油密度 ρ 为 800kg/m^3)?

解:$p_2=p_1+\rho g\Delta h=0.08+800\times9.8\times(10-5)\times10^{-6}$

$\qquad\qquad =0.119\ 2$(MPa)

答:根据计算压力开关的下限动作值应选定在 0.119 2MPa。

Jf3D4079 某输送蒸汽的管道,材料为钢,安装时温度 t_1 为 20℃,工作时温度 t_2 为 100℃,已知线膨胀系数 α 为 125×10^{-7}1/℃,弹性模量 E 为 210GPa,试求工作时管内横截面上的应力 σ。

解:横截面上的应力是由于温度变化而引起的温度应力,所以

$\sigma=E\alpha\Delta t=E\alpha(t_2-t_1)=210\times10^3\times125\times10^{-7}\times(100-20)=210$(MPa)

答:工作时管内横截面上的应力为 210MPa。

Jf3D5080 某主蒸汽管采用 12Cr1MoV 钢,额定运行温度 t_1 为 540℃,设计寿命 τ_1 为 10^5h,运行中超温 Δt 为 10℃,试求其使用寿命 τ_2 是多少($C=20$)?

解:温度 $T_1=t_1+273.15=540+273.15=813.15$(K)

$\qquad\qquad T_2=t_1+\Delta t+273.15=540+10+273.15=823.15$(K)

根据公式 $T_1(C+\lg\tau_1)=T_2(C+\lg\tau_2)$

代入数值 $813.15\times(20+\lg10^5)=823.15\times(20+\lg\tau_2)$

所以 $823.15\lg\tau_2=813.15\times20-823.15\times20+813.15\lg10^5$

所以 $\tau_2=4.97\times10^4$(h)

答:主蒸汽管超温后使用寿命为 49 700h。

4.1.5 绘图题

La5E1001 画出绝对压力、表压力、真空的相互关系图。

答：如图 E-1 所示。

La5E2002 画出三个电阻串联连接的电路图。

答：如图 E-2 所示。

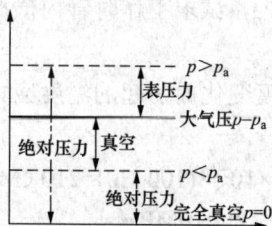

图 E-1

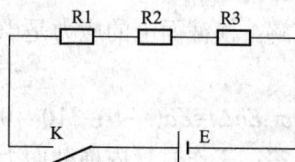

图 E-2

La5E2003 绘出闸阀结构示意图。

答：如图 E-3 所示。

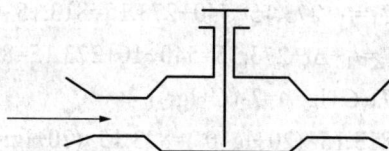

图 E-3

La4E1004 画出三个电阻并联连接的电路图。

答：如图 E-4 所示。

La4E2005 画出朗肯循环 p—V 图。

答：如图 E-5 所示。

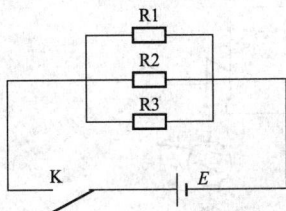

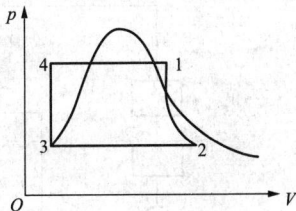

图 E-4   图 E-5

La4E3006 绘出低压异步鼠笼式电动机控制回路。

答：如图 E-6 所示。

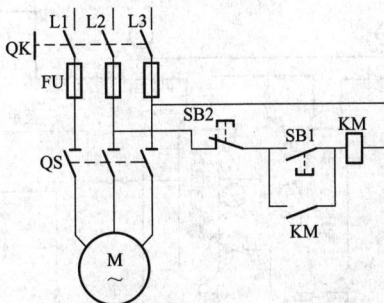

图 E-6

QK—闸刀开关；QS—隔离开关；FU—熔断器；

SB1—启动按钮；SB2—停止按钮；KM—中间继电器

La4E3007 画出火力发电厂的简单汽水系统流程图。

答：如图 E-7 所示。

La4E4008 画出高压加热器给水、疏水系统图。

答：如图 E-8 所示。

La4E4009 根据图 E-9 所示，补画左视图。

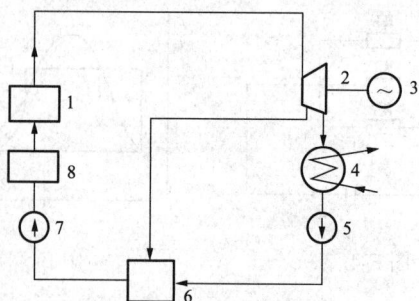

图 E-7

1—锅炉；2—汽轮机；3—发电机；4—凝汽器；

5—凝结水泵；6—加热器；7—给水泵；8—高压加热器

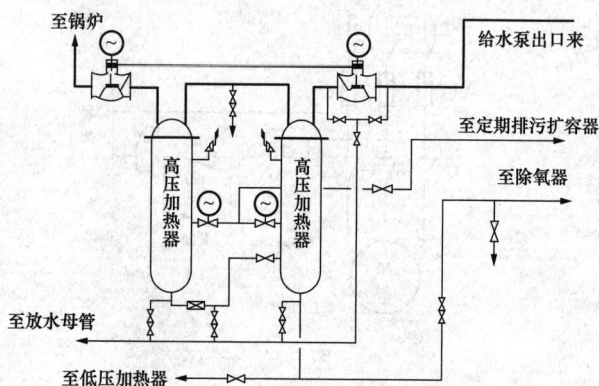

图 E-8

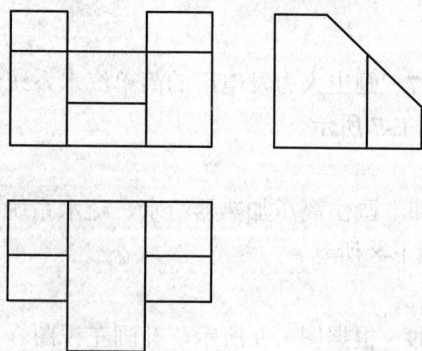

图 E-9

答：如图 E-10 所示。

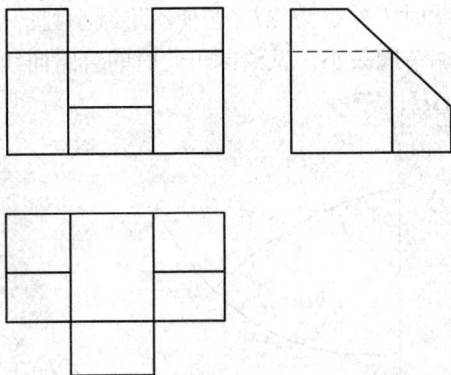

图 E-10

La4E4010 画出 6 孔平法兰。
答：如图 E-11 所示。

La3E4011 画出螺栓连接图。
答：如图 E-12 所示。

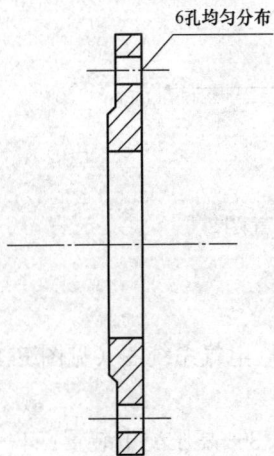

6孔均匀分布

图 E-11

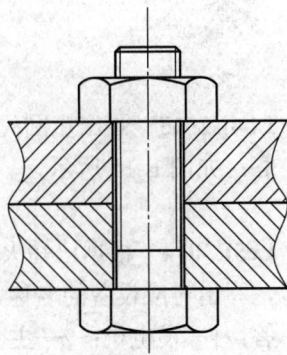

图 E-12

Lb5E3012 如图 E-13 所示泵的特性曲线 q_V—H 和管路性能曲线 Ⅰ，此时工作点为 M，若使流量减小到 q_{VA}，并将出口端管路上的调节阀关小，试绘制出此时的管路曲线，并标出多消耗的能量 ΔH。

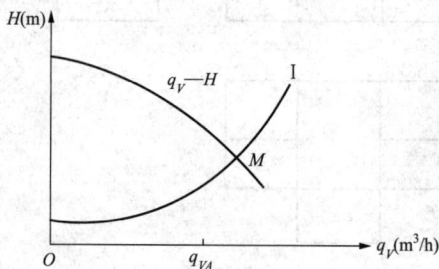

图 E-13

答：如图 E-14 所示。$\Delta H = H_A - H_B$。

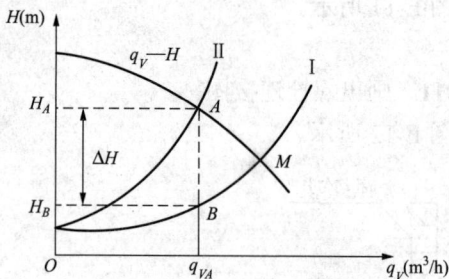

图 E-14

Lb4E2013 画出止回阀结构示意图。
答：如图 E-15 所示。

Lc5E3014 根据已知火力发电厂电气系统图（见图 E-16）标号，写出对应设备的名称。
答：1—发电机；2—主变压器；3—高压配电装置；4—输电线路；5—厂用变压器；6—厂用配电装置。

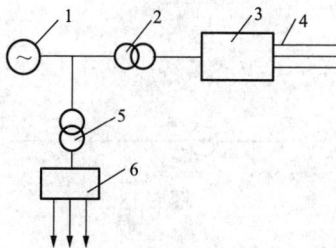

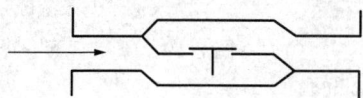

图 E-15　　　　　　　　　　　　图 E-16

Jd4E2015　根据图 E-17 所示给水泵滑销系统的标号，写出设备名称。

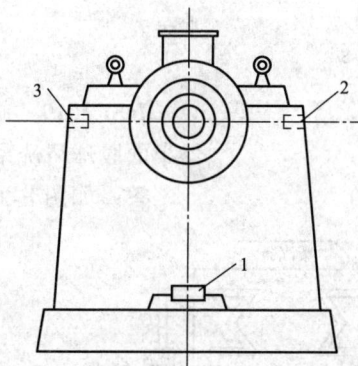

图 E-17

答：1—纵销；2—横销；3—横销。

Je5E1016　画出水泵串联运行示意图（两台泵）。
答：如图 E-18 所示。

Je5E1017　画出水泵并联运行示意图（两台泵）。
答：如图 E-19 所示。

图 E-18

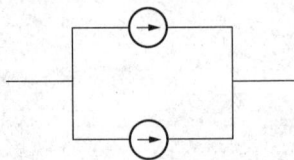

图 E-19

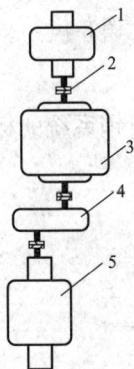

图 E-20

Je5E1018 图 E-20 为调速给水泵示意图，写出对应编号设备的名称。

答：1—前置泵；2—联轴器；3—电动机；4—耦合器；5—主给水泵。

Je5E2019 画出简单的凝汽器半面胶球清洗系统图。

答：如图 E-21 所示。

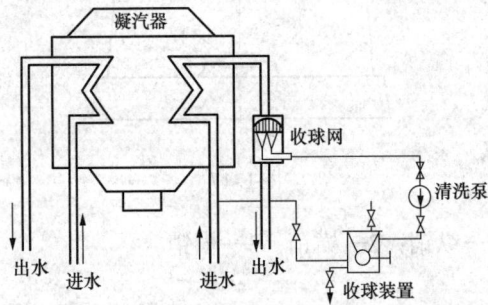

图 E-21

Je5E3020 画出发电机水箱、水冷泵、冷却器、过滤器系统图。

答：如图 E-22 所示。

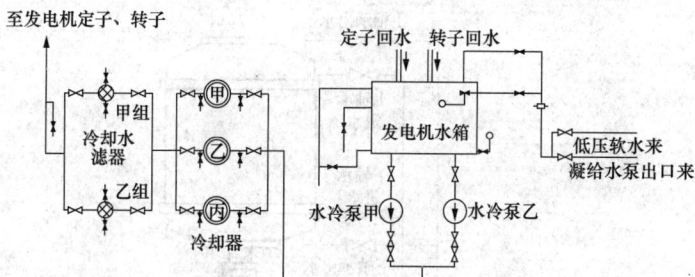

图 E-22

Je5E4021 画出火力发电厂单元制给水系统图。

答：如图 E-23 所示。

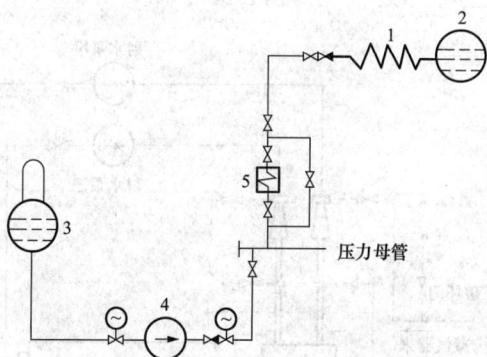

图 E-23

1—省煤器；2—汽包；3—除氧器；4—给水泵；5—高压加热器

Je5E4022 画出单只轴流式循环水泵冷却水系统图。

答：如图 E-24 所示。

Je5E5023 画出射水泵及射水抽气器系统图。

答：如图 E-25 所示。

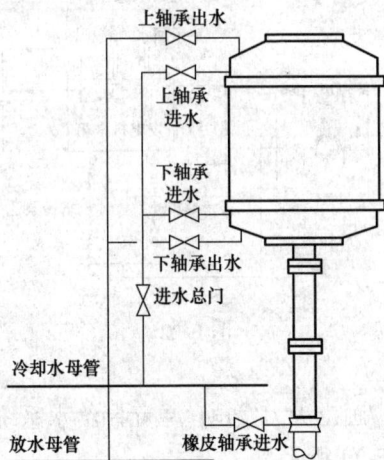

上轴承出水

上轴承
进水

下轴承
进水

下轴承出水

进水总门

冷却水母管

放水母管   橡皮轴承进水

图 E-24

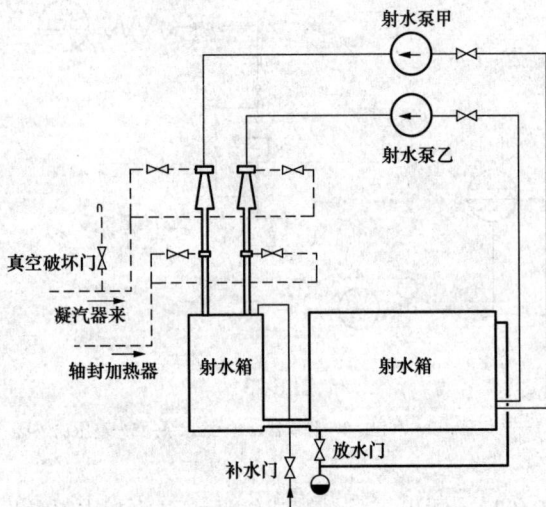

射水泵甲

射水泵乙

真空破坏门

凝汽器来

轴封加热器   射水箱   射水箱

补水门   放水门

图 E-25

Je4E3024　画出表面式加热器采用疏水泵的连接系统示意图。

答：如图 E-26 所示。

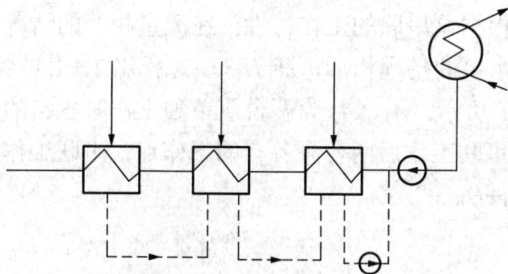

图 E-26

Je4E3025 已知凝结水泵正常运行时的工况点 1（见图 E-27），对应凝结水量为 q_{V1}，采用低水位运行，如果汽轮机负荷下降，使凝结水量下降到 q_{V2}、q_{V3}，且 $q_{V3}<q_{V2}$，画出对应的工况点，并比较热井水位的变化。

答： 如图 E-28 所示。当凝结水流量 $q_V<q_{V1}$ 后，由于利用汽蚀调节，q_V 变小，热井中水位下降，故 $H_1>H_2>H_3$。

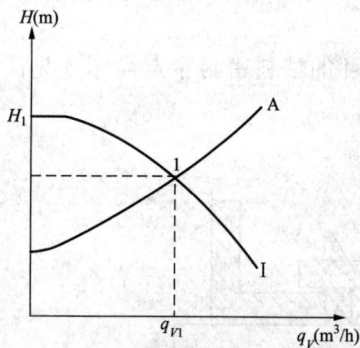

图 E-27

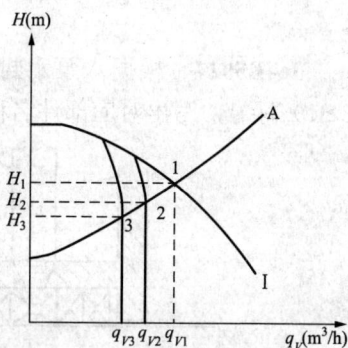

图 E-28

A—管道特性曲线；
I—凝结水泵正常工况特性曲线

Je4E4026 两台性能不同的水泵串联运行，工况如图 E-29 所示。求串联后的总扬程和各泵的工作点，并与串联前各泵单独工作时的情况作对照。

157

答：根据泵串联的工作特性，在流量相等的情况下，扬程 H 为两台水泵的扬程相加，$H=H_1+H_2$，作出 I + II 的特性曲线，如图 E-30 所示。A_1、A_2 为两台泵单独工作时各自的工作点；B_1、B_2 为串联工作后两台泵各自的工作点；串联工作后的总扬程 $H_A=H_{B1}+H_{B2}$。

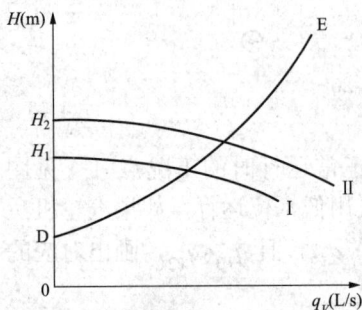

图 E-29

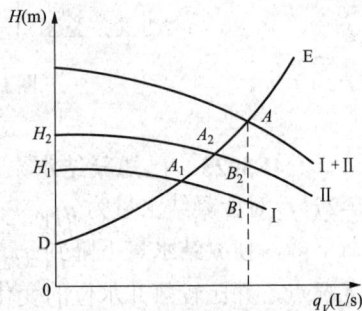

图 E-30

I——第一台水泵工况特性曲线；
II——第二台水泵工况特性曲线

Je4E5027 根据水泵水封环的填料密封示意简图（见图 E-31）标号，写出对应部件名称。

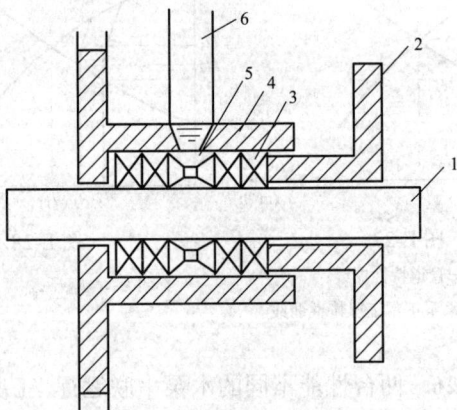

图 E-31

答：1—轴；2—压盖；3—填料；4—填料箱；5—水封环；6—引水管。

Je3E2028 看懂机件形状图（见图 E-32），补画出 *A—A* 剖面图。

答：如图 E-33 所示。

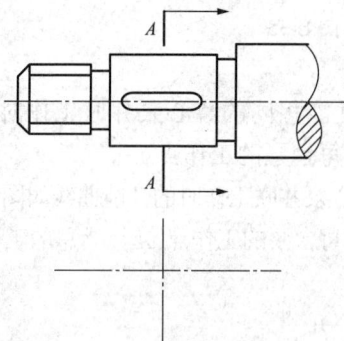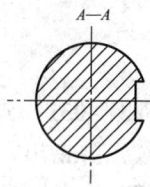

图 E-32   图 E-33

Je3E3029 绘制出多级离心泵平衡盘装置示意图，要求注明末级叶轮、平衡盘、平衡圈、轴向推力方向。

答：如图 E-34 所示。

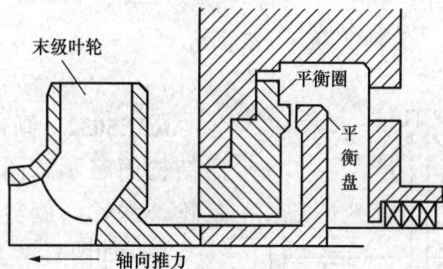

图 E-34

Je3E4030 画出凝结水泵机械密封冷却水、冲洗水系统图，并文字标明。

答：如图 E-35 所示。

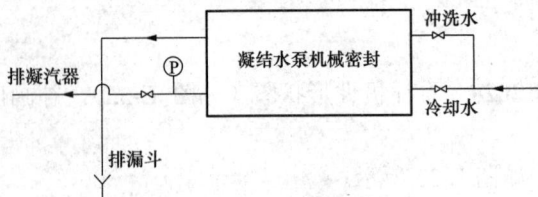

排凝汽器 ← P 凝结水泵机械密封 冲洗水 → 冷却水

排漏斗

图 E-35

Je3E4031　画出两台性能相同的离心泵并联工作时的性能曲线，并指出并联工作时每台泵的工作点。

答：两台性能相同的离心泵并联工作时的性能曲线如图 E-36 所示，图中 B 点为并联工作时每台泵的工作点，A 点为总的工作点。

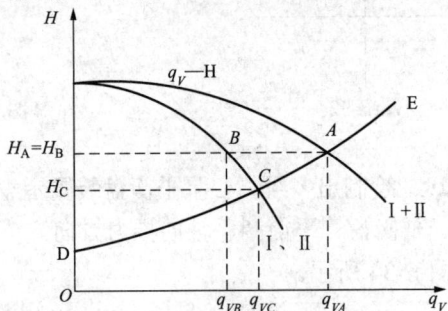

图 E-36

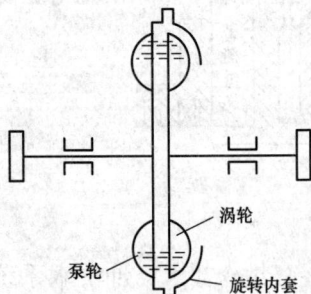

图 E-37

Je3E5032　画出液力耦合器结构简略示意图，要求画出泵轮、涡轮、旋转内套。

答：如图 E-37 所示。

Je3E5033　画出电动给水泵密封水系统图。

答：如图 E-38 所示。

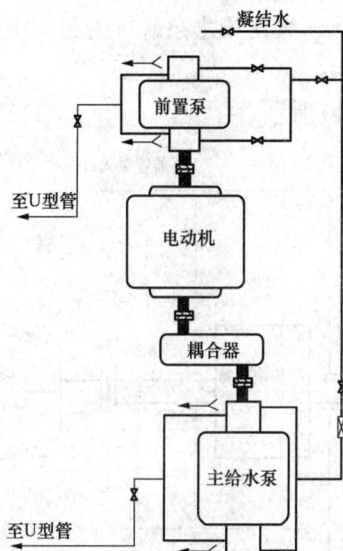

图 E-38

Je3E5034 画出主凝结水系统图。

答： 如图 E-39 所示。

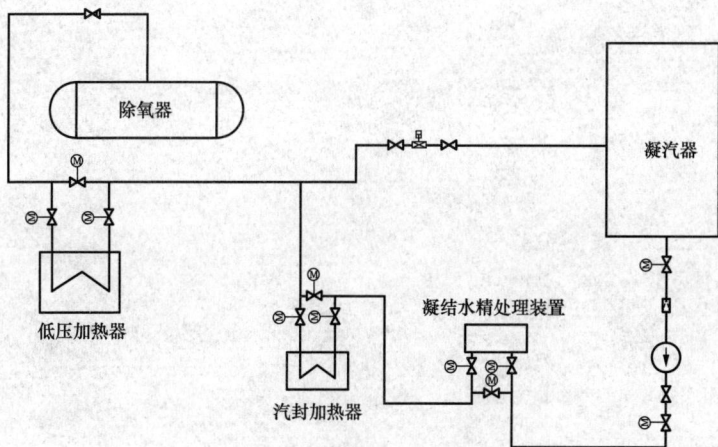

图 E-39

Je3E5035 画出采用给水泵螺旋密封，密封水、卸荷水系统图，并文字标明。

答：如图 E-40 所示。

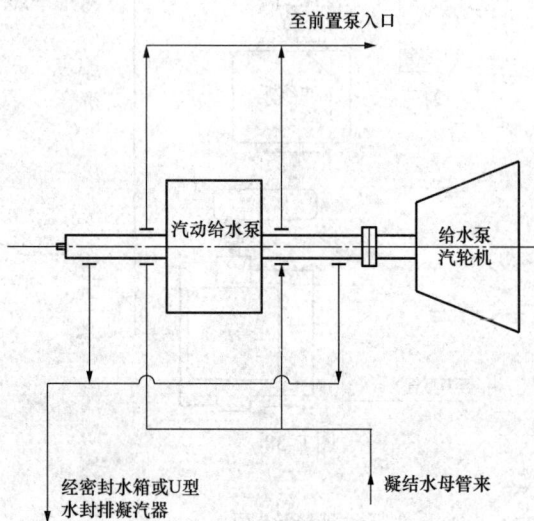

至前置泵入口

汽动给水泵

给水泵
汽轮机

经密封水箱或U型
水封排凝汽器

凝结水母管来

图 E-40

4.1.6 论述题

La5F2001 什么叫绝热过程？

答：在与外界没有热量交换的情况下所进行的过程称为绝热过程。如汽轮机为了减少散热损失，汽缸外侧包有绝热材料，而工质所进行的膨胀过程极快，在极短时间内来不及散热，其热量损失很小，可忽略不计，故常把工质在这些热机中的过程作为绝热过程。

La5F2002 为什么饱和压力随饱和温度升高而升高？

答：温度越高，分子的平均动能越大，从水中逸出的分子越多，因而使汽侧分子密度增大。同时因为温度升高，蒸汽分子的平均运动速度也随之增大，这样就使得蒸汽分子对容器壁面的碰撞增强，使压力增大。所以饱和压力随饱和温度增高而增高。

La4F2003 离心泵有哪些分类？

答：离心泵按工作叶轮数目可分为单级泵、多级泵两种。

按工作压力可分为低压泵、中压泵、高压泵三种。

按叶轮进水方式可分为单吸泵和双吸泵。

按泵壳结合缝形式可分为水平中开式泵和垂直结合面泵。

按泵轴位置可分为卧式泵和立式泵。

按叶轮出来的水引向压出室的方式可分为蜗壳泵和导叶泵。

按泵的转速可否改变可分为定速泵和调速泵。

La3F3004 什么是泵的比转速？分析影响比转速的因素。

答：将一台泵的实际尺度，几何相似地缩小至流量为 $0.075\text{m}^3/\text{s}$、扬程为 1m 的标准泵，此时，标准泵的转速就是实际泵的比转速。比转速公式为：$n_s = \dfrac{3.65n\sqrt{q_V}}{H^{3/4}}$。对于同一台泵，在不同工况下具有不同的比转速，一般取最高效率工况下的比转速为该泵的比转速。从比转速表示式中可以看出，大流量、小扬程的泵比转速大，小流量、大扬程的泵比转速小。比转速与泵的入口直径和出口宽度有关，随着泵的入口直径和出口宽度的增加，泵的比转速增大。

La3F4005　什么是水泵的相似三定律？写出其表达式并说明公式具体含义？

答：水泵的相似三定律包括流量相似定律、扬程相似定律、功率相似定律。

流量相似定律：$\dfrac{q_{Vp}}{q_{Vm}} = \left(\dfrac{D_{2p}}{D_{2m}}\right)^3 \dfrac{n_p}{n_m} \dfrac{\eta_{Vp}}{\eta_{Vm}}$。从式中可以看出：相似泵在相似工况下运行时，其流量之比与几何尺寸比的三次方成正比，与转速比的一次方成正比，与容积效率比的一次方成正比。

扬程相似定律：$\dfrac{H_p}{H_m} = \left(\dfrac{D_{2p}}{D_{2m}}\right)^2 \left(\dfrac{n_p}{n_m}\right)^2 \dfrac{\eta_{hp}}{\eta_{hm}}$。从式中可以看出：相似泵在相似工况下运行时，其扬程之比与几何尺寸比的平方成正比，与转速比的平方成正比，与流动效率比的一次方成正比。

功率相似定律：$\dfrac{P_{sh,p}}{P_{sh,m}} = \dfrac{\rho_p}{\rho_m}\left(\dfrac{D_{2p}}{D_{2m}}\right)^5 \left(\dfrac{n_p}{n_m}\right)^3 \dfrac{\eta_{mm}}{\eta_{mp}}$。从式中可以看出：相似泵在相似工况下运行时，其功率之比与流体密度比的一次方成正比，与几何尺寸比的五次方成正比，与转速比的三次方成正比，与机械效率比的一次方成反比。

式中　　q_V——容积流量，m^3/s；

H——扬程，m；

P_{sh}——轴功率，kW；

D——叶轮直径，m；

n——转速，r/min；

ρ——流体密度，kg/m³；

η——泵的效率，%；

角标"p、m"分别表示实际和模型的参数。

La3F4006　对于同一台水泵，如何应用水泵相似三定律？

答：对于同一台水泵，应用水泵相似三定律有：

$$\frac{q_V}{q_V'}=\frac{n}{n'}、\quad \frac{H}{H'}=\left(\frac{n}{n'}\right)^2、\quad \frac{P_{sh}}{P_{sh}'}=\left(\frac{n}{n'}\right)^3$$

式中　q_V——容积流量，m³/s；

H——扬程，m；

P_{sh}——轴功率，kW；

n——转速，r/min。

这就是日常运行中常用的水泵的相似三定律。从式中可以看出：流量和水泵转速的一次方成正比，扬程和水泵转速的二次方成正比，功率和水泵转速的三次方成正比。从相似三定律可以很容易解释为什么水泵采用变频降低转速后可以大大降低水泵的耗功，实现节能效果。

La3F5007　何谓热力学第二定律？热力学第二定律的实质是什么？

答：热力学第二定律有以下几种常见表述形式：

（1）在热力循环中，工质从热源吸收的热量不可能全部转变为功，其中有一部分不可避免地要传给冷源，而形成冷源损失。

（2）任何一台热机，必须有一个高温热源和一个低温热源

（或称冷源）。即单一热源的热机是不存在的。

（3）热能不可能自动地从低温物体传递给高温物体。热力学第一定律确定了热功转换时能量守恒的规律，而热力学第二定律则说明了实现热功转换的条件及自发过程进行的方向性和它的不可逆性。

Lb5F1008　离心真空泵的工作原理是什么？

答： 当泵轴转动时，工作水从下部入口被吸入，并经过分配器从叶轮的流道中喷出，水流以极高速度进入混合室，由于强烈的抽吸作用，在混合室内产生绝对压力为 3.54kPa 的高度真空。这时凝汽器中的汽气混合物，由于压差作用冲开止回阀，被不断地抽到混合室内，并同工作水一道通过喷射管、喷嘴和扩散管被排出。

Lb5F1009　试述离心泵有哪些损失。

答： 离心泵的损失有容积损失、流动损失和机械损失三种。容积损失包括密封环漏泄损失、平衡机构漏泄损失和级间漏泄损失，流动损失包括冲击损失、旋涡损失和沿程摩擦损失，机械损失包括轴承及轴封摩擦损失、叶轮圆盘摩擦损失、液力耦合器的液力传动损失等。

Lb5F1010　液力耦合器的蜗轮转速为什么一定低于泵轮转速？

答： 若蜗轮的转速等于泵轮的转速，则泵轮出口处的工作油的压力与蜗轮进口处的油压相等，且它们的压力方向相反，相互顶住，工作油在循环圆内将不产生流动，蜗轮就得不到力矩，当然就转不起来。而只有当泵轮转速大于蜗轮转速时，泵轮出口处的油压才大于蜗轮进口处的油压，工作油在压力差作用下产生循环运动，于是蜗轮被工作油冲击而旋转起来。

Lb5F2011　什么是水击现象？

答：当液体在压力管道中流动时，由于某种外界原因，如突然关闭或开启阀门，或者水泵的突然停止或启动，以及其他一些特殊情况，使液体流动速度突然改变，引起管道中压力产生反复急剧的变化，这种现象称为水击或水锤。

Lb5F3012　深井泵启动前灌水的目的和离心泵一样吗？为什么？

答：不一样，深井泵泵柱里的轴承是用硬橡胶制成的，工作中的轴承是由泵沿着泵柱管打上来的水进行润滑的，故深井泵启动前的灌水是为了在启动时使轴承得到润滑。离心泵启动前灌水的目的是为了将泵内的空气排尽，否则不能把水吸上来。

Lb5F4013　试述变压器在电力系统中的作用。

答：变压器在电力系统中起着很重要的作用，它将发电机的电压升高，通过输电线向远距离输送电能，可减少损耗；又将高电压降低分配到用户，保证用电安全。一般从电厂到用户，根据不同的要求，需要将电压变换多次，这就需要用变压器来完成。

Lb4F1014　离心泵平衡盘装置的构造和工作原理是什么？

答：平衡盘装置是由平衡盘、平衡座和调整套（有的平衡盘和调整套为一体）组成的。

平衡盘装置的工作原理是：从末级叶轮出来的带有压力的液体，经平衡座与调整套的径向间隙流入平衡盘与平衡座间的水室中，使水室处于高压状态。平衡盘后有平衡管与泵的入口相连，其压力近似为泵的入口压力，这样在平衡盘两侧压力不相等，就产生了向后的轴向平衡力。轴向平衡力的大小随轴向位移的变化而变化，调整平衡盘与平衡座间的轴向间隙（即改变平衡盘与平衡座见水室压力），从而达到平衡的目的，但这种平衡经常是动态平衡。

Lb4F2015　试述给水泵装再循环管的目的。

答：给水泵在启动后，出水阀还未开启时或外界负荷大幅度减少时（机组低负荷运行），给水流量很小或为零，这时泵内只有少量水或根本无水通过，叶轮产生的摩擦热不能被给水带走，使泵内温度升高，当泵内温度超过泵所处压力下的饱和温度时，给水就会发生汽化，形成汽蚀。为了防止这种现象发生，就必须使给水泵在给水流量减小到一定程度时，打开再循环管，使一部分给水流量返回到除氧器，这样泵内就有足够的水通过，把泵内摩擦产生的热量带走，使温度不致升高而使给水产生汽化。总之，装再循环管可以在锅炉低负荷或事故状态下，防止给水在泵内产生汽化，甚至造成水泵振动和断水事故。

Lb4F3016　采用平衡盘装置有什么缺点？

答：平衡盘装置在多级泵上广泛使用，用来平衡轴向推力，但它有三个缺点：

（1）在启动、停泵或发生汽蚀时，平衡盘不能有效地工作，容易造成平衡盘与平衡座之间的摩擦和磨损。

（2）由于转轴位移的惯性，易造成平衡力大于或小于轴向力的现象，致使泵轴往返窜动，造成低频窜振。

（3）高压水往往通过叶轮轴套与转轴之间的间隙窜水反流，会干扰泵内水的流动，冲刷部件，从而影响水泵的效率、寿命和可靠性。

Lb4F4017　汽蚀对泵的危害有哪些？

答：汽蚀对泵的危害主要表现在以下几个方面：

（1）缩短泵的使用寿命。汽蚀发生时，由于机械剥蚀和化学腐蚀的长期作用，使叶轮和蜗壳等处变得粗糙多孔，产生显微裂纹，严重时会出现蜂窝状侵蚀，甚至形成空洞，因而缩短泵的使用寿命。

（2）影响泵的性能。侵蚀发生时，液体的汽化及存在于液体中气体的析出，形成大量的气泡，使液流的过流断面面积缩小，局部区域流速加大，并产生涡流，破坏水的流动规律，以致流动损失增大，从而引起流量、扬程和效率的迅速下降，严重时，性能曲线明显下降，出现"断裂工况"，使性能迅速恶化。

（3）产生噪声和振动。当发生汽蚀气泡破裂时，液体质点相互冲击，会产生各种频率范围的噪声，并伴随强烈的水击，易引起振动。当汽蚀振动的频率与水泵的自振频率接近时，就能引起共振，从而会引起强烈的振动，也就是汽蚀共振。

Lb4F4018　何谓螺杆泵，螺杆泵的工作原理是什么？

答：由两个或三个螺杆啮合在一起组成的泵称为螺杆泵。

螺杆泵的工作原理是：螺杆旋转时，被吸入螺丝空隙中的液体，由于螺杆见螺纹的相互啮合受挤压，沿着螺纹方向向出口侧流动。螺纹相互啮合后，封闭空间逐渐增加形成真空，将吸入室中的液体吸入，然后被挤出完成工作过程。

Lb4F5019　何谓自吸泵，自吸泵的工作原理是什么？

答：不需在吸入管道中充满水就能自动地把水抽上来的离心泵称为自吸泵。

自吸泵的工作原理是：在泵内存满水的情况下，叶轮旋转产生离心力，液体沿槽道流向涡壳，在泵的入口形成真空，使进水止回门打开，吸入进水管的空气进入泵内，在叶轮槽道中，空气与径向回水孔（或回水管）里的水混合，一起沿槽道向蜗壳流动，进入分离室，在分离室中，空气从液体中分离出来，液体重新回到叶轮，这样反复循环，直至将吸入管道中的空气排尽，使液体进入泵内，完成自吸过程。

Lb3F1020　什么是泵的车削定律？试述叶轮车削后对泵的效率的影响？

答：泵叶轮外径车削后，其流量、扬程、功率与外径的关系称为泵的车削定律。

车削定律与比例定律相类似，它们都能改变泵的特性曲线。车削定律只适用于流量、扬程、功率减小的场合。叶轮外径经车削后，效率均要降低。如比转速 n_s 为 60～120 的泵，叶轮外径车削 10%，效率降低 1%；比转速 n_s 为 200～300 的泵，叶轮外径车削 4%，效率也下降 1%。为了不使效率降低过多，对叶轮的车削量应加以限制。

Lb3F1021　试分析用给水泵汽轮机拖动给水泵的优点。

答：用给水泵汽轮机拖动给水泵有如下优点：

（1）用给水泵汽轮机拖动给水泵时，可根据给水泵需要采用高转速（转速可从 2900r/min 提高到 5000～7000r/min）变速调节。高转速可使给水泵的级数减少，重量减轻，转动部分刚度增大，效率提高，可靠性增加。改变给水泵转速来调节给水流量比节流调节经济性高，消除了阀门因长期节流而造成的磨损，同时简化了给水调节系统，调节方便。

（2）大型机组电动给水泵耗电量约占全部厂用电量的 50%，采用汽动给水泵后，可以减少厂用电，使整个机组向外多供 3%～4% 的电量。

（3）大型机组采用给水泵汽轮机拖动给水泵后，可提高机组热效率 0.2%～0.6%。

（4）从投资和运行角度看，大型电动机加上升速齿轮液力联轴器及电气控制设备投资大，且大型电动机启动电流大，对厂用电系统运行不利。

Lb3F2022　轴流式水泵的特性曲线有何特点？

答：轴流式水泵特性曲线具有如下特点：

（1）轴流式水泵的q_v—H特性曲线，在叶片装置角度不变时，陡度很大，曲线上有一转折点。由泵的q_v—H曲线可见，当出口阀关闭时，q_v=0，相应的水泵扬程具有最高值，约是效率最高时的1.5～2倍。由于q_v—H特性曲线陡度很大，轴流泵的功率随着出水量的减少而急剧上升，所以应尽可能避免在关闭出水阀或小流量的工况下运行。

（2）轴流泵最有利工况范围不大，由效率曲线可知，一旦离开最高效率点，不论向左或向右，其效率都是迅速下降的，这是因为在非设计工况下，流体产生偏流，以致效率下降很快，所以要安装可调整角度的叶片改善其性能。

Lb3F2023　离心泵流量有哪几种调节方法，各有什么优、缺点？

答：离心泵流量有如下几种调节方法：

（1）节流调节法。利用泵出口阀门的开度大小来改变泵的管路特性，从而改变流量。这种调节的优点是十分简单，缺点是节流损失大。

（2）变速调节。改变水泵转速，使的特性曲线升高或降低，从而改变泵的流量。这种调节方法，没有节流损失，是较为理想的调节方法。

（3）改变泵的运行台数。用改变泵的运行台数来改变管道的总流量。这种调节方法简单，但工况点在管路特性曲线上的变化很大，所以进行流量的微调是很困难的。

（4）汽蚀调节法。如凝结水泵采用低水位运行方式，通过凝汽器的水位高低，改变水泵特性曲线，从而改变流量。这种调节方法，简单易行、省电，但叶轮易损，并伴有振动，有噪声。

Lb3F3024　为防止汽蚀现象，在泵的结构上可采取哪些措施？

答：为防止泵的汽蚀，常采用下列措施：

（1）采用双吸叶轮。

（2）增大叶轮入口面积。

（3）增大叶片进口边宽度。

（4）增大叶轮前、后盖板转弯处曲率半径。

（5）选择适当的叶片数和冲角，叶片进口边向吸入侧延伸。

（6）首级叶轮采用抗汽蚀材料。

（7）泵进口装设诱导轮或装设前置泵。

（8）吸入管管径要大，阻力要小，且短而直。

（9）通流部分断面变化率力求小，壁面力求光滑。

（10）正确选择吸上高度。

（11）汽蚀区域贴补环氧树脂等耐腐蚀涂料。

Lb3F4025　凝结水泵采用变频后为什么会节能？

答： 凝结水泵设计容量较大，在机组正常运行中，通过调整除氧器上水调整门的开度大小维持除氧器水位，即使在机组满负荷运行时调整门也达不到全开状态，节流损失较大。采用变频调节后，调整门全开，通过调整凝结水泵转速维持除氧器水位，大大减少了附加的节流损失，使节能效果明显提高。另外，根据比例定律有 $P_{sh} = \left(\dfrac{n}{n_0} \right)^3 P_{sh0}$，从中可以看出功率和转速的三次方成正比。当采用变频后，凝结水泵转速下降，因此凝结水泵功率大大下降，使节能效果明显提高。

Lb3F4026　液力耦合器的调速原理是什么？调速的基本方法有哪几种，各有何特点？

答： 在泵轮转速固定的情况下，工作油量越多，传递的动转距也越大。反过来说，如果动转距不变，那么工作油量越多，蜗轮的转速也越大（因泵轮的转速是固定的），从而可以通过改变工作油油量的多少来调节蜗轮的转速，去适应泵的转速、流量、扬程及功率。

在液力耦合器中，改变循环圆内充油量的方法基本上有以下三种：

（1）调节循环圆的进油量。调节工作油的进油量是通过工作油泵和调节阀来进行的。

（2）调节循环圆的出油量。调节工作油的出油量是通过旋转外壳里的勺管位移来实现的。

（3）调节循环圆的进、出油量。

采用前两种调节方法，在发电机组要求迅速增加负荷或迅速减少负荷时，均不能满足要求，只有采用第三种方法，在改变工作油进油量的同时，移动勺管位置，调节工作油的出油量，才能使蜗轮的转速迅速变化。

Lb3F5027　什么是水泵的密封装置？密封装置可分为哪几种类型？

答：在泵壳与泵轴之间存在着一定的间隙，为了防止液体通过此间隙流出泵外或空气漏入泵内（入口为真空时），在泵壳与泵轴之间设有密封装置。

密封装置有以下几种形式：

（1）填料密封。填料密封是最常见的一种密封形式，它是用压盖使填料和轴之间保持很小的间隙来达到密封作用的。

（2）机械密封。机械密封又称端面密封，依靠工作液体及弹簧的压力作用在动环上，使之与静环相互紧密配合，达到密封的效果。

（3）浮动环密封。浮动环密封以浮动环端面和支持环端面的接触来实现径向密封，以浮动环的内圆表面与轴套的外圆表面所形成狭窄缝隙的节流作用来实现轴向密封。

（4）迷宫密封。液体通过密封片与泵轴间的径向间隙时，由于节流作用，导致压力降低，从而达到密封的目的的。

Lb3F5028 什么是二重翼叶轮？它有何优点？

答：目前凝结水泵大多采用加装诱导轮的方法提高抗汽蚀性能。但装设诱导轮的缺点是轴向尺寸较长，叶轮加上诱导轮后，轴向尺寸更长，因而结构不太理想；而且诱导轮出口水流与叶轮进口不易配合适当，有时甚至会影响效率，因此出现了二重翼结构。

二重翼结构的离心泵由两个叶轮组成，一个是前置叶轮，一个是离心式主叶轮。前置叶轮包括2～3片叶片，呈斜流状，主叶轮是离心式的，两者组成综合形式的结构。这种结构形式比诱导轮加叶轮的轴向尺寸小些，总体来讲，此种配置较为理想。二重翼离心泵不会降低泵的原来性能，而抗汽蚀性能却大为改善。

Lc4F2029 给水泵推力盘的作用是什么?在正常运行中如何平衡轴向推力？

答：给水泵推力盘的作用是平衡泵在运行中产生的部分轴向推力。给水泵的轴向推力由带平衡盘的平衡鼓与双向推力轴承共同来平衡，限制转轴的轴向位移。正常运行时，平衡盘基本上能平衡大部分轴向推力，而双向推力轴承一般只承担轴向推力的5%左右。

在正常运行时，泵的轴向推力是从高压侧推向低压侧的，同时也带动了平衡盘向低压侧移动。当平衡盘向低压侧移动后，固定于转子轴上的平衡盘与固定于定子泵壳上的平衡圈之间的间隙就变小，从末级叶轮出口通过间隙、流到给水泵入口的泄漏量就减少，因此平衡盘前的压力随之升高，而平衡盘后的压力基本不变，因为平衡盘后的腔室有管道与给水泵入口相通。平衡盘前后的压力差正好抵消叶轮轴向推力的变化。随着给水泵负荷的增加，叶轮上的轴向推力随之增加，而平衡盘抵消轴向推力的作用也随之增加。在给水泵启、停或工况突变时，平衡盘能抵抗轴向推力的变化和冲击。

Lc3F3030　电动机允许温升和绝缘材料温度限值有何关系？

答：工程中表示电动机发热和散热情况的是电动机的温升，而不是温度。绝缘材料的温度限值确定了电动机的最高工作温度，允许温升限值则取决于环境温度。例如，一台电动机的工作温度达到120℃，但环境温度为100℃，温升为20℃，说明电动机本身发热情况并不严重，电动机工作温度偏高是环境温度偏高的缘故。反之，电动机工作温度仅100℃，但环境温度只有10℃，温升为90℃，说明电动机发热情况相当严重。

Lc3F3031　电力系统的主要技术经济指标是什么？

答：电力系统的主要技术经济指标是：

（1）发电量、供电量、售电量和供热量等。

（2）电力系统供电（热）成本。

（3）发电厂供电（热）成本。

（4）火电厂供电（热）标准煤耗。

（5）火电厂供电水耗。

（6）厂用电率。

（7）网损率（电网损失电量占发电厂送至网络电量的百分数）。

Jd4F1032　给水泵为什么设有滑销系统？

答：因为给水泵输送的是温度较高的水，所以给水泵也存在热胀冷缩的问题，为了保证泵组膨胀和收缩顺利，及在膨胀、收缩过程中保持泵的中心不变，设置有滑销系统。给水泵的滑销系统有两个纵销和两个横销。两个纵销布置在进水段和出水段下方，它保证水泵在膨胀和收缩过程中，中心线不发生横向移动，不妨碍水泵的前后胀缩；两个横销布置在进水端支承爪下面，其连线与两纵销连线交点即为水泵死点，水泵以此死点向出水端胀出或缩进。水泵所有支承爪底面与给水泵中心水平直径位于同一平面上，在水泵热膨胀时，中心线在垂直方向上也不会发生移动。

Jd5F4033　凝结水泵采用变频调节的优缺点是什么？

答：为了降低常用电率，提高机组经济性，目前发电厂的凝结水泵普遍采用变频调节，其优点是：

（1）相对于凝结水泵的汽蚀调节和节流调节，采用变频调节后，凝汽器水位波动小，水泵部件汽蚀减轻，运行平稳，凝结水泵出水管压力低，出口管道的泄漏几率明显降低。

（2）变频调节的调速范围宽、效率高，凝结水泵采用变频调节后，在低负荷状态下的节能效果大大提高。

（3）变频装置可兼作启动设备。低速变频启动，可减少启动电流，减小对凝结水泵开关、电动机等电气部件的电气冲击损害，减小对凝结水泵转动部件的惯性冲击损害，减小对凝结水系统管道的水力冲击损害。

缺点是：

（1）相对于其他调节系统，采用变频调节初投资较高。

（2）采用变频调节后，凝结水泵的启停等切换操作复杂。

（3）凝结水泵采用变频调节后，对凝结水泵的密封提出了更高的要求，很容易造成凝结水溶氧升高。

（4）凝结水泵变频器的工作条件要求较高，维护量大。

Jd5F4034　新安装的水泵试运行时，应达到哪些要求？

答：应达到下列要求：

（1）泵的出口压力稳定并达到额定数值。

（2）电动机在空载及满载工况下的电流均不超过额定值。

（3）轴承垂直、水平、轴向振动（双振幅），用经过校验合格的振动表测定时，不超过表 F-1 中的规定。

表 F-1　　　　　　水 泵 振 动 标 准

转速（r/min）	振　幅（mm）		
	优等	良好	合格
$n \leqslant 1000$	0.05	0.07	0.10
$1000 < n \leqslant 2000$	0.04	0.06	0.08
$2000 < n \leqslant 3000$	0.03	0.04	0.05
$n > 3000$	0.02	0.03	0.04

（4）轴承油温不高于制造厂规定值，一般使用润滑油的，为 65～70℃，用润滑脂的，不超过 80℃；油泵油压、给油和回油正常，轴承无渗油现象。

（5）对于带液力耦合器的给水泵组，调速工作油温及润滑油温均不应超过规定值，油压、油位正常，并应尽量避开 2/3 水泵额定转速范围运行，冷油器工作正常，调速机构控制灵敏。

（6）各转动齿轮咬合良好，无不正常音响、振动和发热现象。

（7）泵类轴密封吸入侧应严密，各轴封仅能少量滴水，温度正常。

（8）各转动部分音响正常，泵内无冲击现象。

（9）水泵吸入口底阀能维持住启动时需要的水位。

（10）对于全调节式轴流泵，应在试运行中进行叶片角度调整试验，并符合设计要求。

（11）对于水泵的各项连锁装置，结合试运行进行试验和调整，并符合设计要求。

Jd5F4035　常用节流测量流量表的工作原理是怎样的？

答：一般应用最广泛的是节流法测量流量。它是一个中间带圆孔的圆板，当液体或气体流过圆板时，由于部分位能转变为动能，收缩截面处的平均流速就增大，因而在该截面内静压力就变得小于孔板前的静压力。压差的大小与流量有关，流量大时压差大，流量小时压差小，因此可利用这种节流现象的原理来制造流量表。

Jd4F2036　何谓旋涡泵？旋涡泵的工作原理是什么？

答：由显形叶轮在带有不连贯槽道的盖板之间旋转来输送液体的泵称为旋涡泵。

旋涡泵的工作原理就是显形叶轮在旋转时产生离心力，使液体由泵壳侧面孔流入叶轮根部并抛向外围，进入两侧盖板的槽道中，液体随显形叶轮旋转时，在槽道中作旋涡运动，将速度能转变为压力能，到了出口处槽道突然被堵塞，液体就从出口孔流出。

Jd4F3037　平衡鼓带平衡盘的平衡装置有何特点？

答：该装置先由平衡鼓卸掉 80%～85% 的轴向力，再由弹簧式双向止推轴承承担 10% 的轴向力，其余 5%～10% 的变量轴向力由平衡盘来承担。其优点是：这种装置平衡盘的轴向间隙较大，承担的平衡力较少；启动、停泵和在低速运行时，止推轴承弹簧把转轴向高压端顶开，防止平衡盘磨损或咬住。缺点是流经平衡盘间隙的泄漏量较大。

Jd4F4038　什么是水泵的几何安装高度？安装高度与允许吸上真空高度之间有何联系？

答：一般卧式离心泵，泵轴中心线距吸取液面的垂直距离称为水泵的几何安装高度，用符号 H_G 表示。

允许吸上真空高度与几何安装高度是两个不同的概念，但它们之间又有密切联系。几何安装高度低，水泵所需吸上真空高度就低，水就不会汽化；几何安装高度增大，吸上真空高度也要增大，当吸上真空高度大到一定值时，因吸上真空过大而开始产生汽蚀，影响水泵的正常工作，因此，几何安装高度取决于水泵允许吸上真空高度的大小。

Jd4F4039　什么是水泵的有效汽蚀余量和必需汽蚀余量？两者有何关系？

答：有效汽蚀余量是指在泵吸入口处，单位重量液体所具有的超过汽化压力的富余能量。有效汽蚀余量又称为装置（管路）汽蚀余量。泵运行时，在泵的吸入口截门上，单位重量液体所具有的超过压力最低点的压力能头的富余能头，即为防止泵内汽蚀所必需的最小汽蚀余量，称为必需汽蚀余量。必需汽蚀余量又称为泵的汽蚀余量。

必需汽蚀余量是标志泵本身汽蚀性能的基本参数，必需汽蚀余量越小，表明泵防汽蚀的性能越好。有效汽蚀余量标志泵使用时的装置汽蚀性能，为了避免发生汽蚀，就必须提高有效汽蚀余量。要使水泵运行中不发生汽蚀，必须使有效汽蚀余量大于必需汽蚀余量；否则，泵内会发生严重汽蚀。

Jd4F4040　什么是水泵的性能曲线？

答：水泵的性能曲线是指在一定转速下，流量与扬程、流量与功率、流量与效率、流量与允许汽蚀余量（Δh）或允许吸上真空高度（Hs）的关系曲线。性能曲线的横坐标一般为流量，纵坐标为其他几个参数。每个流量均对应着一定的扬程、功率及效率，这一组参数反映了泵的某种工作状况（简称工况）。

Jd4F5041　液力耦合器调速给水泵主要从哪些方面获得经济性？

答：液力耦合器调速给水泵可以从以下方面获得经济性：

（1）使用液力耦合器后，给水泵可在较小的转速比下启动，启动转矩较小。

（2）容量不必过于富裕，避免大马拉小车的现象。

（3）正常运行中使用耦合器调节给水，与传统的节流调节相比，无节流损失。

（4）虽然低转速比时，耦合器有一定的功率耗损，但其最大损耗在转速比为 2/3 工况时，功率损耗值不超过该传动功率的 15%，故在低负荷运行时，泵组经济性更为明显。

（5）减少给水对管路、阀门的冲刷，延长使用寿命。

Jd3F3042　耦合器中产生轴向推力的原因是什么？为什么要设置双向推力轴承？

答：轴向推力产生的原因有以下几点：

（1）由于工作轮受力面积不均衡，在压力作用下必然会引起轴向作用力。

（2）液体在工作腔中流动时，要产生动压力，会产生轴向推力。

（3）由于泵轮和蜗轮间存在滑差，因此在循环圆和转动外壳的腔内，液体动压力值是有差异的，也会引起轴向作用力。

（4）工作腔内充油量的改变，也会引起推力的变化。

在耦合器稳定运行时，两个工作轮承受的推力大小相等、方向相反。工作过程中，随负荷的变化，推力的大小和方向都可能发生变化，因此要设置双向推力轴承。

Je5F1043　大机组配套的给水泵，轴承润滑供油系统有哪些组成部分？

答：大机组配套的给水泵一般都有独立的强迫供油系统，主要由主油泵、辅助油泵、滤网、冷油器、油箱及其管道、阀门组成。正常运行时，由主油泵供油；启动和停泵时，由辅助油泵供油。

Je5F1044　为什么漏气的水泵会出现不出水现象？

答：在负压下运行的水泵，由于泵的入口压力低于外界大气压力，空气会从泵的不严密处漏入泵内部。泵在设计工况下工作时，漏入的气体占有的比例小，所以不易失水；反之，空气所占的比例增加，这时液体比重降低，液体在泵中获得的离心力减少，流量、扬程下降。流量越少，影响越大，当出口扬程低于母管压力或空气在泵中积聚较多时，水泵就打不出水来。

Je5F2045　为什么并联工作的泵的压力升高，而串联工作的泵的流量增加？

答：水泵并联时，由于总流量增加，管道阻力增加，这就需要每台泵都提高它的扬程来克服这个新增加的损失压头，故并联运行时，压力较一台运行时高一些；而流量同样由于管道阻力的增加而受到制约，所以总是小于各台水泵单独运行下各输出水量的总和，且随着并联台数的增多，管道特性曲线越陡直以及参与并联的水泵容量越小，输出水量减少得更多。水泵串联运行时，其扬程成倍增加，但管道的损失并没有成倍增加，故富余的扬程可使流量有所增加。但产生的总扬程小于它们单独工作时的扬程之和。

Je5F2046　锅炉给水泵的允许最小流量一般是多少？为什么？

答：制造厂对给水泵运行一般都规定了一个允许的最小流量值，一般为额定流量的 25%～30%。规定允许最小流量的目的是防止因出水量太少使给水泵发生汽化。

Je5F3047　当压力表安装位置不同时，对读数有什么影响？

答：当压力表安装位置与被测点不在同一水平面上，而压力表管道中的介质是液体时，管道中的液柱压力将影响压力表的读数，如果压力表安装的位置比被测点低，读数偏高，反之偏低，实际使用时应加以修正。

Je5F3048　凝结水泵在运行中发生汽化的象征有哪些？应如何处理？

答：凝结水泵在运行中发生汽化的主要象征是在水泵入口处发出噪声，同时水泵入口的真空表、出口的压力表和电流表指针急剧摆动。凝结水泵发生汽化时，不宜再继续保持低水位运行，而应采用限制水泵出口阀的开度或利用调整凝结水再循环门的开度或是向凝汽器内补充软化水的方法来提高凝汽器的水位，以消除水泵汽化。

Je5F4049　300MW 机组配置的凝结水泵的平衡鼓装置是如何平衡轴向推力的？

答：该凝结水泵末级叶轮的水除了大部分由双蜗壳汇集送入导叶接管外，还有少部分水从平衡鼓与平衡圈之间的间隙中渗漏。为了增加阻力，减少泄漏，在平衡鼓上车了方形螺纹槽，这样可以使渗漏量减少 25%。经过节流后的水到达平衡鼓后面，压力已经下降了，因而平衡鼓前后两面形成了压力差，压差的方向由下而上，平衡了部分轴向推力。

Je5F5050　国产 300MW 机组为什么设凝结水升压泵？

答：国产 300MW 机组对凝结水水质要求比较高，送入除氧器前要进行除盐处理，设置凝结水升压泵后，主凝结水泵抽吸凝汽器内的凝结水，然后送入除盐设备，经过除盐后的凝结水通过凝结水升压泵，然后打入除氧器内。凝结水泵与凝结水升压泵串联运行，可使除盐设备避免承受较高的压力，同时通过除盐设备后，凝结水压力损失较大，需要凝结水升压泵提高压力后送入除氧器内。

Je4F1051　试述循环水泵跳闸处理过程。

答：循环水泵跳闸时，应做如下处理：

（1）复置联动泵操作开关、跳闸泵开关。

（2）切除循环水泵连锁。

（3）迅速检查跳闸泵是否倒转，若发现倒转，立即手动关闭出口门。

（4）检查联动泵运行情况。

（5）备用泵未联动时，应迅速启动备用泵。

（6）无备用泵或备用泵联动后又跳闸，应立即报告机组长、值长。

（7）真空下降时，应根据真空下降的规定处理。

（8）联系电气人员检查跳闸原因。

Je4F1052 给水泵汽化后如何处理？

答：发现给水泵汽化后，要积极分析汽化原因，采取相应措施。若入口滤网堵塞，应停泵清理入口滤网。若前置泵工作失常引起，要停止该泵运行。若除氧器压力突降引起，要积极调整，尽快恢复除氧器压力和水位正常。若汽化严重，立即停泵运行，检查备用泵应联动。若没有备用泵，适当降低机组负荷，以消除给水泵入口汽化。

Je4F1053 循环水泵进口旋转滤网试运行应符合哪些要求？

答：旋转滤网试运行应符合下列要求：

（1）滤网旋转灵活。

（2）传动装置和链条无卡涩现象。

（3）冲洗喷嘴射水方向正确，能冲掉滤器上的杂物。

（4）污物能汇集在排污沟内，不卡堵在设备上。

（5）滤网架构与密封板间有足够的严密性，能阻止杂物进入净水室。

（6）正常情况下，保护销无变形。

Je4F1054 循环水泵启动前的准备工作有哪些？

答：循环水泵启动前，应做好以下准备工作：

（1）检查并清理吸入水池，不得有杂物。

（2）确认吸入水池水位在允许的正常水位以上。水位过低，循环水泵启动后会卷起旋涡吸入空气，引起水泵振动，产生噪声。

（3）启动前，要确认电动机方向正确，以免发生倒转，造成水泵有关部件松动。

（4）向橡胶轴承注水。如不注水就启动水泵，橡胶轴承在瞬间就会烧坏。

（5）检查电动机上下轴承油位正常。

（6）检查水泵及电动机冷却水系统运行正常。

（7）检查各有关表计正常、完好。

Je4F1055　离心泵的并联运行有何要求？特性曲线差别较大的泵并联有何不好？

答：并联运行的离心泵应具有相似而且稳定的特性曲线，并且在泵的出口阀门关闭的情况下，具有接近的出口压力。

特性曲线差别较大的泵并联时，若两台并联泵的关死扬程相同，而特性曲线陡峭程度差别较大，两台泵的负荷分配差别较大，易使一台泵过负荷；若两台并联泵的特性曲线相似，而关死扬程差别较大，可能出现一台泵带负荷运行，另一台泵空负荷运行，白白消耗电能，并且易使空负荷运行泵汽蚀损坏。

Je4F1056　试述调速给水泵油箱油位升高时，应如何处理？

答：调速给水泵油箱油位升高时，应做如下处理：

（1）检查油箱实际油位是否升高。

（2）检查给水泵轴端密封是否大量溃水，密封水回水门开度是否正常，重力回水漏斗是否堵塞。

（3）原因不明时，切换备用给水泵运行，停故障泵，关闭工作油冷油器、润滑油冷油器、冷却水的进出口水门。确定冷油器是否泄漏，为防止油质乳化，停辅助油泵，使水沉淀后放水。

（4）凝汽器无真空时，其压力回水应倒入地沟，停机后，凝汽器灌水查漏时，应关闭压力回水，重力回水至凝汽器的回水门。

（5）打开油箱排污门放水，联系化学人员化验油质，油质不合格时，应联系检修换油，并做其他相应处理。

Je4F1057 分析调速给水泵润滑油压降低的原因。

答：引起调速给水泵润滑油压降低的原因主要有以下几点：

（1）润滑油泵故障，齿轮碎裂，油泵打不出油。

（2）辅助油泵出口止回阀漏油，油系统溢油阀工作失常。

（3）油系统存在泄漏现象。

（4）滤油网严重阻塞，引起滤网前后压差过大。

（5）油箱油位过低。

（6）辅助油泵故障。主要有吸油部分漏空气、齿轮咬死、出口管段止回阀前空气排不尽等，从而引起油泵不出油。

Je4F2058 试述凝结水泵特点。

答：凝结水泵所输送的是与凝汽器压力相应下的饱和水，所以在凝结水泵入口易发生汽化，故水泵性能中规定了进口侧的灌注高度，借助水柱产生的压力，使凝结水离开饱和状态，避免汽化，因而凝结水泵安装在热井最低水位以下，是使水泵入口与最低水位维持 0.9～2.2m 的高度差。

由于凝结水泵进口是处在高度真空状态下，容易从不严密的地方漏入空气，积聚在叶轮进口，使凝结水泵打不出水。因此，一方面，要求进口处严密不漏气；另一方面，在泵入口处接一抽空气管道至凝汽器侧（亦称平衡管），以保证凝结水泵的正常运行。

Je4F2059 轴流泵如何进行分类，各有哪些特点？

答：轴流泵分类如下：

（1）按照泵轴的安装方式可分为立式、卧式、斜式三种。立式轴流泵的特点是：占地面积小，启动方便，电动机安装高，容易保持干燥，但需要立式电动机。卧式轴流泵的特点是：泵体可做成中开式，拆装方便，便于检查泵内部件，启动前要用真空泵引水。斜式轴流泵兼有立式轴流泵和卧式轴流泵的优点。

（2）按照叶片调节的可能性分为固定叶片式、半调节叶片式和全调节叶片三种轴流泵。固定叶片式轴流泵，叶片和轮壳体铸在一起，叶片角度是不能调节的。半调节叶片式轴流泵，停泵时拆下叶片可调节叶片安装角度。全调节叶片式轴流泵，可根据不同扬程和流量，在停泵和不停泵的情况下，通过一套调节机构来改变叶片的安装角。

Je4F3060　分析耦合器勺管卡涩的原因。

答：耦合器调速是靠勺管的径向移动改变工作腔的充油量来实现的。勺管卡涩就是耦合器的调速受阻，其卡涩原因如下：

（1）耦合器油中带水，引起扇形齿轮上的两只滚动轴承严重锈蚀而不能转动，以致勺管不能升降。

（2）电动执行机构限位调整不当，从而使勺管导向键受过载应力，导致局部变形，卡死在勺管键槽内，迫使勺管无法移动。

（3）勺管与勺管配套间隙过小，容易卡涩。

（4）勺管表面氮化层剥落。

Je4F3061　耦合器装设易熔塞的作用是什么？

答：易熔塞是耦合器的一种保护装置。正常情况下，汽轮机油的工作温度不允许超过 100℃，油温过高极易引起油质恶化，同时油温过高，耦合器工作条件恶化，联轴器工作极不稳定，从而造成耦合器损坏及轴承损坏事故。为防止工作油温过高而发生事故，在耦合器转动外壳上装有四只易熔塞，内装低熔点金属，当耦合器工作腔内油温升至一定温度时，易熔塞金属被软化后吹损，工作油从四孔中排出，工作油泵输出的油通过控制阀进入工作腔，不断带走热量，使耦合器中油温不再继续上升，起到了保护作用。

Je4F3062　分析保护液力耦合器的易熔塞熔化的原因。

答：保护液力耦合器的易熔塞熔化的原因有以下几点：

（1）给水泵故障，转子卡涩或卡死，此时耦合器的蜗轮不能转动，而泵轮仍以原速运转，电动机所提供的功率绝大部分转化成热量进入油中，使工作油温突然升高，引起易熔塞熔化。

（2）工作油进油量不足。工作腔中油的热量是靠工作油的循环冷却带走的，若工作油控制阀开度与勺管位置不匹配，耦合器需要大流量工作油时，控制阀开在小流量位置，耦合器内大部分热量不能及时带走，从而使循环圆中油温急剧升高，引起易熔塞熔化。

（3）工作冷油器运行不当。冷油器不能较好地冷却工作油，造成油温升高，使易熔塞熔化。

Je4F4063　在液力耦合器中，工作油是如何传递动力的？

答：在泵轮与蜗轮间的腔室中充有工作油，形成一个循环流道；在泵轮带动的转动外壳与蜗轮间又形成一个油室。若主轴以一定转速旋转，循环圆（泵轮与蜗轮在轴面上构成的两个碗状结构组成的腔室）中的工作液体由于泵轮叶片在旋转离心力的作用，从靠近轴心处沿着径向流道向泵轮外周处外甩升压，在出口处以径向相对速度与泵轮出口圆周速度组成合速，冲入蜗轮外圆的进口径向流道，并沿着蜗轮径向叶片组成的径向流道流向蜗轮，靠近从动轴心处，由径向相对速度与蜗轮出口圆周速度组成合速，冲入泵轮的进口径向流道，重新在泵轮中获得能量，泵轮转向与蜗轮相同，如此周而复始，构成了工作油在泵轮和蜗轮间的自然环流，从而传递了动力。

Je4F4064　试述采用调速给水泵的优点。

答：采用调速水泵有如下优点：

（1）锅炉给水泵系统简单。

（2）操作方便，便于实现锅炉给水全程调节自动化。

（3）效率高，可减少节流损失。

（4）降低给水管道阻力，提高机组给水管道、附件及高压加热器运行的可靠性。

（5）适应于变动负荷，可节省厂用电。

（6）通过调速改变给水流量和压力，适应机组启、停和负荷变化，便于滑压运行。

（7）给水调节质量高，降低了给水调节阀前、后压差，阀门使用寿命长。

Je4F4065　试述给水泵出口压力变化的原因。

答：给水泵出口压力变化的原因如下：

（1）锅炉汽压不稳定。

（2）给水流量大幅度调整。

（3）给水管道破裂。

（4）频率及电压变化。

（5）运行给水泵跳阀或备用给水泵误启动。

（6）给水泵再循环门误操作。

（7）锅炉漏泄或大量排污。

Je4F5066　给水泵平衡盘压力变化的原因及危害是什么？

答：给水泵平衡盘压力变化的原因包括以下几点：

（1）给水泵进口压力变化。

（2）平衡盘磨损。

（3）给水泵节流衬套间隙（即平衡盘与平衡圈径向间隙）增大。

（4）给水泵内水汽化。

造成的危害有：平衡盘与平衡座之间的间隙消失，给水泵产生动、静摩擦，引起水泵振动。

Je4F5067　给水泵倒转原因及现象是什么？如何处理？

答：给水泵跳闸后，如果出口止回阀故障不能正常关闭，将会引起给水泵倒转。其现象是：给水泵转速下降后又突然上升；锅炉给水母管压力下降、除氧器水位上升、给上半部入口压力异常升高。

发现给水泵倒转后，要立即关闭出口门，严禁关闭给水泵入口门，防止给水泵低压侧管道超压爆破。检查辅助油泵运行正常，防止轴瓦烧损。对于倒转的给水泵，严禁重合开关，防止损坏给水泵转子或造成电机损坏。

Je4F5068　给水泵密封水压力高或低，对给水泵运行有何影响？

答：由于密封水从轴套与浮动环之间狭小的间隙通过，因此，密封水有一部分流入泵内，另一部分流至泵外。运行中浮动环的密封冷却水进水压力过高或浮动环严重磨损时，都会使泄漏量增加，浪费凝结水；如果浮动环的密封冷却水水压过低或中断，将会使浮动环水温升高，可能造成浮动环与轴套卡涩，甚至摩擦损坏。

Je4F5069　给水母管压力降低时，应如何处理？

答：给水母管压力降低时，应做如下处理：

（1）检查给水泵运行是否正常，并核对转速和电流及勺管位置，检查电动出口门和再循环门开度。

（2）检查给水管道系统有无破裂和大量漏水。

（3）联系锅炉调节给水流量，若勺管位置开至最大，给水压力仍下降，影响锅炉给水流量时，应迅速启动备用泵，并及时联系有关检修班组处理。

（4）影响锅炉正常运行时，应汇报有关人员降负荷运行。

Je3F1070　勺管是如何调节蜗轮转速的？

答： 采用改变工作腔内充油量的方法来改变耦合器特性，获得不同的蜗轮转速，调节工作机械的转速，常用的方法是在转动外壳与泵轮间的副油腔中，安置一个导流管，即勺管。勺管的管口迎着工作油的旋转方向，由操作机构控制，在副油腔中做径向移动。当勺管移到最大半径位置时，将不断地把工作腔中的油全部排出，耦合器处于脱离状态；当勺管处在最小半径位置时，耦合器则处于全充油工作状态；这样，当勺管径向移动每一个位置，即可得到一个相应的不同充液度，从而达到调节负荷的目的。

Je3F1071　试述液力耦合器的特点。

答： 液力耦合器的工作特点主要有以下几点：

（1）可实现无级变速。通过改变勺管位置来改变蜗轮的转速，使泵的流量、扬程都得到改变，并使泵组在较高效率下运行。

（2）可满足锅炉点火工况要求。由于锅炉点火时要求给水流量很小，利用液力耦合器，只需降低输出转速即可满足要求，既经济又安全。

（3）可空载启动，且离合方便。电动机不需要有较大的富裕量，也使厂用母线减少启动时受冲击的时间。

（4）隔离振动。耦合器泵轮与蜗轮间扭矩是通过液体传递的，是柔性连接，因此主动轴与从动轴产生的振动不可能相互传递。

（5）过载保护。工作时存在滑差，当从动轴上的阻力扭矩突然增加时，滑差增大，甚至制动，由于耦合器是柔性传动，此时原动机仍继续运转而不受损，因此，液力耦合器可保护系统免受动力过载的冲击。

（6）无磨损，坚固耐用，安全可靠，寿命长。

液力耦合器的缺点是：液力耦合器运转时，有一定的功率损失，除本体外，还需增加一套辅助设备，价格较贵。

Je3F2072　给水泵运行中经常发生的故障有哪些？

答：给水泵运行中经常发生的故障有：

（1）给水泵汽蚀。给水泵的流量过小或过大、除氧器的压力或水位下降、入口滤网堵塞较多，都将引起给水汽化，使给水泵汽蚀。

（2）给水泵平衡盘磨损。使用平衡盘平衡轴向推力的给水泵，启、停中不可避免地造成平衡盘与平衡座的摩擦，从而引起磨损；检修处理不当，也会造成平衡盘磨损。

（3）给水泵油系统故障。主要有轴承油压下降、油温升高、轴承故障、液力耦合器故障、油系统漏油、油系统进水、油泵故障等。

（4）给水泵发生振动。主要有轴承地脚螺栓松动、台板刚性减弱、水泵转子动不平衡、水泵发生汽蚀、轴承损坏、水泵内部动静摩擦、水泵进入异物等。

Je3F2073　给水泵启动前的准备检查工作有哪些？

答：给水泵启动前的准备检查工作有：

（1）检查机械密封、轴端密封冷却水系统和轴端密封冷却器，打开冷却水隔离阀，检查冷却水流量正常，排出冷却水系统内的空气。

（2）检查除氧器水位正常，检查水质合格，开启前置泵入口门和给水泵出口门，对给水系统注水，将整个给水系统的所有容积充满合格的水，并开启最小流量阀前后截门。

（3）启动投运油系统（包括工作油系统和润滑油系统）进行油循环，检查给水泵的油系统及电动给水泵油系统工作正常。

（4）检查整个系统中所有监测仪表和控制机构符合要求。

（5）投入冷却水、密封水系统，并进行排空，确保畅通。

（6）进行暖泵，使泵外壳体上下温差达到规定数值，未经过暖泵或暖泵不充分，禁止启动给水泵。对于电动给水泵，首次启动可通过开启正暖放水门进行；机组正常运行中，要通过投入电动给水泵倒暖的方法进行。对于汽动给水泵，可通过提前启动前置泵的方法进行暖泵。

（7）对于启动给水泵，对给水泵汽轮机汽封系统进行暖管，开启给水泵汽轮机排汽蝶阀前疏水门，对给水泵汽轮机抽真空。

Je3F2074　为什么有的给水泵能去掉再循环管？

答：一般给水泵都设再循环管，当给水泵小流量时，通过再循环管将水泵的一部分出水送回除氧器水箱。但据试验，有的给水泵去掉了再循环管，而将平衡轴向推力的平衡管出水从水泵进口改接至除氧器，也能保证低负荷时给水不汽化。根据给水汽化原理，必须保证一定的流量（一般取30%额定流量）流过水泵，带走泵内摩擦产生的热量，不使水温升高过多。当平衡装置的回水接至水泵进口时，由于这部分水的温度，容易使给水泵汽化（小流量时），现在将这部分水回到除氧器，既避免了水泵进口水温的升高，又能保持一定的流量（通过平衡间隙的流量），所以能代替再循环管。究竟能不能去掉再循环管，要根据试验分析，而且受泵的汽蚀性能等多种因素的影响。

Je3F3075　循环水泵运行中发生异常振动的原因及处理方法有哪些？

答：故障原因有以下几点：

（1）水泵联轴器不同心或连接不良。

（2）吸入池水位过低。

（3）水泵发生汽蚀。

（4）水泵轴承损坏。

（5）发生异物堵塞或叶轮损伤。

（6）转子发生弯曲或不平衡。

（7）地脚螺栓松动或基础不牢固。

（8）转动部分松动。

（9）出水管路影响。

处理方法包括以下几方面：

（1）停泵重新进行联轴器找正。

（2）提高吸入池水位。

（3）更换轴承。

（4）消除异物，更换损伤叶轮。

（5）直轴，消除不平衡。

（6）紧固地脚螺栓或紧固基础。

（7）检查处理松动件。

（8）检查出水管路，消除不良影响。

Je3F3076 液力耦合器的主要构造是怎样的？

答： 液力耦合器主要由泵轮、蜗轮和转动外壳（又称旋转内套）组成。它们形成了两个腔室：在泵轮与蜗轮间的腔室（即工作腔），其中有工作油所形成的循环流动圆；另有由泵轮和蜗轮的径向间隙（也有在蜗壳上开几个小孔的）流入蜗轮与转动外壳腔室（即副油腔）中的工作油。一般泵轮和蜗轮内装有 20～40 片径向辐射形叶片，副油腔壁上也装有叶片或油孔、凹槽。

Je3F3077 给水泵运行中发生振动的原因有哪些？

答： 给水泵发生振动的原因包括以下几点：

（1）流量过大，超负荷运行。

（2）流量小时，管路中流体出现周期性湍流现象，使泵运行不稳定。

（3）给水汽化。

（4）轴承松动或损坏。

（5）叶轮松动。

（6）轴弯曲。

（7）转动部分不平衡。

（8）联轴器中心不正。

（9）泵体基础螺母松动。

（10）平衡盘严重磨损。

（11）异物进入叶轮。

Je3F3078　试述电动给水泵紧急停运的操作步骤。

答： 电动给水泵紧急停运的操作步骤如下：

（1）按下停运给水泵的事故按钮。

（2）检查辅助油泵自动投入，油压正常。

（3）记录惰走时间，汇报有关领导。

（4）检查备用给水泵自动投入允许，检查各运行参数在正常范围内。

（5）检查故障泵停运后，做好记录。

（6）查明故障泵故障原因，联系组织处理。

Je3F4079　背叶片是如何平衡轴向推力的？有何优、缺点？

答： 若在叶轮的后盖板上铸有几个径向肋筋——背叶片，则当叶轮旋转时，由于背叶片的作用，叶轮盖板内的流体旋转速度大大加快，可接近叶轮的旋转角速度，降低了作用在叶轮后盖板上的流体压力值，从而减小了部分轴向推力。

背叶片常用在污水泵上，其优点是除了能平衡轴向推力外，还能防止杂质进入轴端密封，提高轴端密封的寿命。其缺点是采用背叶片平衡轴向力时，需要消耗一些额外的功率，但它造成的功率消耗要低于平衡孔产生泄漏时所消耗的功率。

Je3F5080　什么是迷宫密封装置？它有何特点？

答： 迷宫密封装置是利用密封片与泵轴间的间隙对密封的流体进行节流、降压，从而达到密封的目的的。被密封的压力液体通过梳齿形的密封片时，会遇到一系列的截面扩大与缩小，于是对流体产生一系列的局部阻力，阻碍了流体的流动，从而达到密封的效应。它的最大的特点是：转轴与固定衬套之间的径向间隙较大（一般半径间隙至少为 0.25mm），因此，在任何情况下，也不致发生摩擦，也不需采用轴套。英国 660MW 机组的给水泵的转子最大挠度为 0.075mm，在轴封处仅为 0.25mm，因此，在启、停泵时，即使泵壳与转轴热变形量很大，也不至于发生径向接触；即使在密封水中断时，甚至在水泵"干转"下，也不会因为密封摩擦而引起事故。因此，迷宫密封装置值得赞赏的特点是可靠性高。由于间隙大，泄漏量会增多，然而它能适应任何恶化条件下的运转，因此，即使水泵效率可能降低也被采用。

Jf5F1081　各级运行人员的值班纪律是什么？

答：各级运行人员的值班纪律是：

（1）按照调度规程，服从统一调度指挥（严重威胁设备和人身安全者除外）。

（2）严格执行"二票三制"、遵守安全工作规程、现场规程和制度，做到严肃认真、一丝不苟。

（3）坚守岗位，专心致志地做好值班工作，全神贯注地进行监盘和调节，及时分析仪表变化。

（4）各种记录抄表工作一律使用钢笔，并做到字迹清楚正确、端正详细。

（5）发生异常情况时，及时做好记录，要求如实反映情况，从中吸取教训，不得弄虚作假、隐瞒真相。

（6）文明生产、文明操作，做好清洁工作，保持现场整洁。

Jf5F2082　周期性巡回检查中，"五定"的内容是什么？

答：周期性巡回检查中"五定"的内容是：

（1）定路线。确定一条最佳的巡回检查路线，既能满足检查全部巡视项目，又比较合理。

（2）定设备。在巡视路线上标明要巡视的设备。

（3）定位置。在巡视的设备周围，标明值班员应站立的最佳位置。

（4）定项目。在每个检查位置，标明应检查的部位和项目。

（5）定标准。检查的部位及项目的正常标准和异常时的判断标准。

Jf4F1083　触电急救的基本原则是什么？

答：触电急救的基本原则是：

（1）迅速使触电者脱离电源。

（2）触电者脱离电源后，准确按照规定动作施行人工呼吸、胸外心脏按压等救护操作。

（3）一定要在现场或附近就地进行，不可长途护送，延误救治。

（4）救治要坚持不懈，不可因为一时不见效而放弃救治。

（5）施救者要切记注意保护自己，防止发生救护人触电事故。

（6）若触电者在高处，要有安全措施，以防断电后触电者从高处摔下。

（7）夜间发生触电事故时，要准备事故照明、应急灯等临时照明，以利救护并防不测。

Jf3F2084　辅机启动时，如何从电流表上判断启动是否正常？

答：辅机启动时，可以从以下几种情况判断启动是否正常：

（1）启动时电流很大，因此刚合上开关、转子升速时，电流表是甩足的，当转子加速至接近全速时，电流表读数迅速下降，转子达全速，电流降低至正常值，则该次启动正常。

（2）若启动时电流表一晃即返零，则可能是开关未合足即跳闸，若伴有"6kW 辅机故障"信号，则表示电动机可能有故障。

（3）若启动后电流比正常值小，则可能是泵轮打不出流量。

Jf3F3085　异步电动机的启动电流为什么较大？

答：异步电动机在额定转速下运转时，其转差率很小（约为 0.01～0.06），转子导线与旋转磁场的相对运动速度很低，因此，转子产生的感应电动势也很低。而当电动机由静止状态开始运动时，其瞬间转差率为 1，转子导线与旋转磁场间的相对运动速度很大，因此转子的感应电动势也很大，它在转子里便会形成较大的转子电流，这个较大的转子电流将相应地引起一个较大的定子启动电流，从而常使异步电动机的启动电流高达其额定电流的 5～7 倍。

技能操作试题

4.2.1 单项操作

行业：电力工程　　　　工种：水泵值班员　　　　等级：初

编　号	C05A001	行为领域	e	鉴定范围	1
考核时间	20min	题　型	A	题　分	20
试题正文	离心水泵启动前准备检查工作				
需要说明的问题和要求	1. 在仿真机上操作时，必须按仿真机的有关规定和要求进行操作 2. 现场就地操作演示，不得触动运行设备 3. 现场就地实际操作，必须请示有关领导同意，在认真监视下进行 4. 万一遇到生产事故，立即中止考核，退出现场 5. 由于操作引起的异常情况，立即中止操作，恢复原状				
工具、材料、设备场地	1. 仿真机 2. 现场设备				

	序号	项　目　名　称
评分标准	1	检查检修工作结束，工作票收回，拆除安全措施
	2	泵体各部分及轮罩完整、良好
	3	对轮盘动正常
	4	水泵及电动机地脚螺栓紧固，电动机接地线良好
	5	各轴承润滑油油质良好，油位正常
	6	盘根压盖紧固不偏斜，冷却水门、密封水门、轴瓦冷却水门开启，水量适当
	7	水泵出入口压力表齐全，表门开启，指示在零位
	8	入口门开启，出口门关闭（按本厂规程规定执行）
	9	检查启动操作开关、连锁开关在断开位置
	10	联系电气测量电动机绝缘良好
	11	检查一切正常后，通知电气送上电动机及操作电源
	12	打开泵体放气门，见水后关闭（按本厂规程规定执行）

	序号	项　目　名　称
评分标准	质量要求	1. 严格执行运行规程 2. 记录操作时间 3. 及时汇报
	得分或扣分	1. 操作顺序颠倒扣 1～4 分，如因操作颠倒导致无法继续操作，该题不得分 2. 操作漏项扣 1～4 分，如因漏项使操作必须重新开始，但如不导致不良后果的，扣该题总分的 50%；如导致不良后果的，该题不得分 3. 每项操作后必须检查操作结果，再开始下一步操作；否则，扣 1～4 分 4. 因误操作致使过程延误，但不造成不良后果的，扣该题总分的 50%；造成不良后果的，该题不得分 5. 每项操作结束后，应汇报、记录；否则，该题扣 1～4 分 6. 操作过程中违反安全及运行规程的，取消考核

编　　号	C05A002	行为领域	e	鉴定范围	1
考核时间	15min	题　　型	A	题　　分	20

试题正文	离心式水泵启动操作

需要说明的问题和要求	1. 在仿真机上操作时，必须按仿真机的有关规定和要求进行操作 2. 现场就地操作演示，不得触动运行设备 3. 现场就地实际操作，必须请示有关领导同意，在认真监视下进行 4. 万一遇到生产事故，立即中止考核，退出现场 5. 由于操作引起的异常情况，立即中止操作，恢复原状

工具、材料、设备场地	1. 仿真机 2. 现场设备

<table>
<tr><td rowspan="8">评
分
标
准</td><td colspan="2">序号</td><td>项　目　名　称</td></tr>
<tr><td colspan="2">1</td><td>确认设备具备启动条件，各信号指示状态正确</td></tr>
<tr><td colspan="2">2</td><td>合上水泵启动开关</td></tr>
<tr><td colspan="2">3</td><td>检查空载电流、出入口压力、转动方向是否正确</td></tr>
<tr><td colspan="2">4</td><td>检查水泵及电动机声音、振动是否正常；各轴承油环带油回转应正常，盘根不发热、甩水，有微量水流出</td></tr>
<tr><td colspan="2">5</td><td>缓慢开启水泵出口门，注意电流不超过额定值，压力正常</td></tr>
<tr><td colspan="2">6</td><td>合上连锁开关</td></tr>
<tr><td>质量要求</td><td colspan="2">1. 严格执行运行规程
2. 记录操作时间
3. 及时汇报</td></tr>
<tr><td></td><td>得分或扣分</td><td colspan="2">1. 操作顺序颠倒扣1～4分，如因操作颠倒导致无法继续操作，该题不得分

2. 操作漏项扣1～4分，如因漏项使操作必须重新开始，但不导致不良后果的，扣该题总分的50%；如导致不良后果的，该题不得分

3. 每项操作后必须检查操作结果，再开始下一步操作；否则，扣1～4分

4. 因误操作致使过程延误，但不造成不良后果的，扣该题总分的50%；造成不良后果的，该题不得分

5. 每项操作结束后，应汇报、记录；否则，该题扣1～4分

6. 操作过程中违反安全及运行规程的，取消考核</td></tr>
</table>

行业：电力工程　　　　工种：水泵值班员　　　　等级：初

编　　号	C05A003	行为领域	e	鉴定范围	2
考核时间	10min	题　型	A	题　　分	20

试题正文	离心式水泵停用操作

需要说明的问题和要求	1. 在仿真机上操作时，必须按仿真机的有关规定和要求进行操作 2. 现场就地操作演示，不得触动运行设备 3. 现场就地实际操作，必须请示有关领导同意，在认真监视下进行 4. 万一遇到生产事故，立即中止考核，退出现场 5. 由于操作引起的异常情况，立即中止操作，恢复原状

工具、材料、设备场地	1. 仿真机 2. 现场设备

	序号	项　目　名　称
	1 2 3 4 5 6	核对设备，检查状态指示正确 断开泵的连锁开关 关闭水泵出口门，注意运行泵工作是否正常 断开泵的操作开关，注意惰走时间、有无倒转现象 调整轴承、盘根冷却水 如作备用开启泵的出水门，投入泵的连锁开关，注意水泵不倒转

评分标准	质量要求	1. 严格执行运行规程 2. 记录操作时间 3. 及时汇报
	得分或扣分	1. 操作顺序颠倒扣 1~4 分，如因操作颠倒导致无法继续操作，该题不得分 2. 操作漏项扣 1~4 分，如因漏项使操作必须重新开始，但不导致不良后果的，扣该题总分的 50%；如导致不良后果的，该题不得分 3. 每项操作后必须检查操作结果，再开始下一步操作；否则，扣 1~4 分 4. 因误操作致使过程延误，但不造成不良后果的，扣该题总分的 50%；造成不良后果的，该题不得分 5. 每项操作结束后，应汇报、记录；否则，该题扣 1~4 分 6. 操作过程中违反安全及运行规程的，取消考核

编　　号	C05A004	行为领域	e	鉴定范围	2
考核时间	20min	题　　型	A	题　　分	20

试题正文	离心式水泵运行中的监视维护操作

需要说明的问题和要求	1. 在仿真机上操作时，必须按仿真机的有关规定和要求进行操作 2. 现场就地操作演示，不得触动运行设备 3. 现场就地实际操作，必须请示有关领导同意，在认真监视下进行 4. 万一遇到生产事故，立即中止考核，退出现场 5. 由于操作引起的异常情况，立即中止操作，恢复原状

工具、材料、设备场地	1. 仿真机 2. 现场设备

评分标准		序号	项　目　名　称
		1	监视电动机电流、电压，电动机轴承、绕组、接线盒温度，电动机振动和声音
		2	监视水泵出入口压力，出水流量，水泵振动、运转声音，轴承温度等是否正常
		3	检查轴承润滑情况，各轴承油环带油回转正常，油位正常，油位不足时，应补充同一牌号新油；油质不良的，应更换新油
		4	及时调整轴瓦冷却水量，保证轴承冷却正常工作
		5	检查填料盒及压盖紧度，如有甩水或有水漏出时，调整紧度
		6	按规定清理、清洗滤网
		7	按规定定时进行轮换运行
		8	备用泵保持良好状态
	质量要求		1. 严格执行运行规程 2. 记录操作时间 3. 及时汇报
	得分或扣分		1. 操作顺序颠倒扣1～4分，如因操作颠倒导致无法继续操作，该题不得分 2. 操作漏项扣1～4分，如因漏项使操作必须重新开始，但不导致不良后果的，扣该题总分的50%；如导致不良后果的，该题不得分 3. 每项操作后必须检查操作结果，再开始下一步操作；否则，扣1～4分 4. 因误操作致使过程延误，但不造成不良后果的，扣该题总分的50%；造成不良后果的，该题不得分 5. 每项操作结束后，应汇报、记录；否则，该题扣1～4分 6. 操作过程中违反安全及运行规程的，取消考核

行业：电力工程　　　　工种：水泵值班员　　　　等级：初

编　号	C05A005	行为领域	e	鉴定范围	1
考核时间	10min	题　型	A	题　分	20
试题正文	真空泵启动前检查操作				
需要说明的问题和要求	1. 在仿真机上操作时，必须按仿真机的有关规定和要求进行操作 2. 现场就地操作演示，不得触动运行设备 3. 现场就地实际操作，必须请示有关领导同意，在认真监视下进行 4. 万一遇到生产事故，立即中止考核，退出现场 5. 由于操作引起的异常情况，立即中止操作，恢复原状				
工具、材料、设备场地	1. 仿真机 2. 现场设备				

<table>
<tr><td rowspan="9">评
分
标
准</td><td>序号</td><td colspan="4">项　目　名　称</td></tr>
<tr><td>1</td><td colspan="4">检修工作结束，检查真空泵及相关系统设备完整、轴承润滑良好、盘根密封水大小合适、填料压紧适中</td></tr>
<tr><td>2</td><td colspan="4">开启水冷却器冷却水进、出水门</td></tr>
<tr><td>3</td><td colspan="4">关闭气水分离器放水门，开启气水分离器自动补水前、后隔绝门，确认自动补水正常，开启气水分离器出水阀</td></tr>
<tr><td>4</td><td colspan="4">关闭真空泵泵体真空破坏门、真空泵放水门</td></tr>
<tr><td>5</td><td colspan="4">开启真空泵进口空气隔绝门，开启真空泵进水阀，检查真空泵各抽气蝶阀位置指示正确</td></tr>
<tr><td>6</td><td colspan="4">检查真空泵各相关连锁保护试验合格</td></tr>
<tr><td>质量要求</td><td colspan="4">1. 严格执行运行规程
2. 记录操作时间
3. 及时汇报</td></tr>
<tr><td>得分或扣分</td><td colspan="4">1. 操作顺序颠倒扣1～4分，如因操作颠倒导致无法继续操作，该题不得分
2. 操作漏项扣1～4分，如因漏项使操作必须重新开始，但不导致不良后果的，扣该题总分的50%；如导致不良后果的，该题不得分
3. 每项操作后必须检查操作结果，再开始下一步操作；否则，扣1～4分
4. 因误操作致使过程延误，但不造成不良后果的，扣该题总分的50%；造成不良后果的，该题不得分
5. 每项操作结束后，应汇报、记录；否则，该题扣1～4分
6. 操作过程中违反安全及运行规程的，取消考核</td></tr>
</table>

行业：电力工程　　　　工种：水泵值班员　　　　等级：初/中

编　号	C54A006	行为领域	e	鉴定范围	1
考核时间	10min	题　型	A	题　分	20

试题正文	凝结水泵启动操作

需要说明的问题和要求	1. 在仿真机上操作时，必须按仿真机的有关规定和要求进行操作 2. 现场就地操作演示，不得触动运行设备 3. 现场就地实际操作，必须请示有关领导同意，在认真监视下进行 4. 万一遇到生产事故，立即中止考核，退出现场 5. 由于操作引起的异常情况，立即中止操作，恢复原状

工具、材料、设备场地	1. 仿真机 2. 现场设备

评分标准		序号	项　目　名　称
		1 2 3 4 5	全开进水门，调节密封水 开启泵体空气门，关闭出水门 投入水泵操作开关，启动凝结水泵 检查出口压力、电动机电流正常后，开启出水门 检查正常后，投入联动开关
	质量要求		1. 严格执行运行规程 2. 记录操作时间 3. 及时汇报
	得分或扣分		1. 操作顺序颠倒扣 1~4 分，如因操作颠倒导致无法继续操作，该题不得分 2. 操作漏项扣 1~4 分，如因漏项使操作必须重新开始，但不导致不良后果的，扣该题总分的 50%；如导致不良后果的，该题不得分 3. 每项操作后必须检查操作结果，再开始下一步操作；否则，扣 1~4 分 4. 因误操作致使过程延误，但不造成不良后果的，扣该题总分的 50%；造成不良后果的，该题不得分 5. 每项操作结束后，应汇报、记录；否则，该题扣 1~4 分 6. 操作过程中违反安全及运行规程的，取消考核

编　　号	C54A007	行为领域	e	鉴定范围	2
考核时间	10min	题　　型	A	题　　分	20
试题正文	凝结水泵停用操作				
需要说明的问题和要求	1. 在仿真机上操作时，必须按仿真机的有关规定和要求进行操作 2. 现场就地操作演示，不得触动运行设备 3. 现场就地实际操作，必须请示有关领导同意，在认真监视下进行 4. 万一遇到生产事故，立即中止考核，退出现场 5. 由于操作引起的异常情况，立即中止操作，恢复原状				
工具、材料、设备场地	1. 仿真机 2. 现场设备				

	序号	项　目　名　称
评分标准	1 2 3 4	断开联动开关 关闭出水门 断开操作开关，停用凝结水泵 水泵停用后作备用，开启出水门，投入联动开关
	质量要求	1. 严格执行运行规程 2. 记录操作时间 3. 及时汇报
	得分或扣分	1. 操作顺序颠倒扣1～4分，如因操作颠倒导致无法继续操作，该题不得分 2. 操作漏项扣1～4分，如因漏项使操作必须重新开始，但不导致不良后果的，扣该题总分的50%；如导致不良后果的，该题不得分 3. 每项操作后必须检查操作结果，再开始下一步操作；否则，扣1～4分 4. 因误操作致使过程延误，但不造成不良后果的，扣该题总分的50%；造成不良后果的，该题不得分 5. 每项操作结束后，应汇报、记录；否则，该题扣1～4分 6. 操作过程中违反安全及运行规程的，取消考核

行业：电力工程　　　　工种：水泵值班员　　　　等级：初/中

编　　号	C54A008	行为领域	e	鉴定范围	1
考核时间	10min	题　　型	A	题　　分	20
试题正文	深井泵启动操作				

需要说明的问题和要求	1. 在仿真机上操作时，必须按仿真机的有关规定和要求进行操作 2. 现场就地操作演示，不得触动运行设备 3. 现场就地实际操作，必须请示有关领导同意，在认真监视下进行 4. 万一遇到生产事故，立即中止考核，退出现场 5. 由于操作引起的异常情况，立即中止操作，恢复原状
工具、材料、设备场地	1. 仿真机 2. 现场设备

评分标准		序号	项　目　名　称
		1 2 3 4	关闭出口门，开启预润水电磁阀出、入口门及轴承水门 开启深井泵启动放水门，合上深井泵电动机电源开关 检查电流、出口压力、深井泵声音、振动是否正常；检查盘根应不发热，不甩水；轴承油位正常。出水应清洁，无泥、沙混浊水 检查正常后，开启深井泵出口门，关闭启动放水门向系统送水
	质量要求		1. 严格执行运行规程 2. 记录操作时间 3. 及时汇报
	得分或扣分		1. 操作顺序颠倒扣1～4分，如因操作颠倒导致无法继续操作，该题不得分 2. 操作漏项扣1～4分，如因漏项使操作必须重新开始，但不导致不良后果的，扣该题总分的50%；如导致不良后果的，该题不得分 3. 每项操作后必须检查操作结果，再开始下一步操作；否则，扣1～4分 4. 因误操作致使过程延误，但不造成不良后果的，扣该题总分的50%；造成不良后果的，该题不得分 5. 每项操作结束后，应汇报、记录；否则，该题扣1～4分 6. 操作过程中违反安全及运行规程的，取消考核

行业：电力工程　　　　工种：水泵值班员　　　　等级：初/中

编　号	C54A009	行为领域	e	鉴定范围	2
考核时间	10min	题　型	A	题　分	20
试题正文	深井泵停用操作				

需要说明的问题和要求	1. 在仿真机上操作时，必须按仿真机的有关规定和要求进行操作 2. 现场就地操作演示，不得触动运行设备 3. 现场就地实际操作，必须请示有关领导同意，在认真监视下进行 4. 万一遇到生产事故，立即中止考核，退出现场 5. 由于操作引起的异常情况，立即中止操作，恢复原状
工具、材料、设备场地	1. 仿真机 2. 现场设备

评分标准		序号	项　目　名　称
		1	断开深井泵电动机操作开关，停止泵的运转
		2	出水管中的水未全部流回深井时，不得重新启动，待 10～15min 后再启动
		3	停泵后 1h（按本厂规定）再启动，一般可不预润，但水位较深时，每次启动前必须加预润水
		4	深井泵停用后需检修，关闭出水门
	质量要求		1. 严格执行运行规程 2. 记录操作时间 3. 及时汇报
	得分或扣分		1. 操作顺序颠倒扣 1～4 分，如因操作颠倒导致无法继续操作，该题不得分 2. 操作漏项扣 1～4 分，如因漏项使操作必须重新开始，但不导致不良后果的，扣该题总分的 50%；如导致不良后果的，该题不得分 3. 每项操作后必须检查操作结果，再开始下一步操作；否则，扣 1～4 分 4. 因误操作致使过程延误，但不造成不良后果的，扣该题总分的 50%；造成不良后果的，该题不得分 5. 每项操作结束后，应汇报、记录；否则，该题扣 1～4 分 6. 操作过程中违反安全及运行规程的，取消考核

207

行业：电力工程　　　　工种：水泵值班员　　　　等级：初/中

编　　号	C54A010	行为领域	e	鉴定范围	1
考核时间	20min	题　型	A	题　　分	20

试题正文	循环水泵启动前的准备工作

需要说明的问题和要求	1. 在仿真机上操作时，必须按仿真机的有关规定和要求进行操作 2. 现场就地操作演示，不得触动运行设备 3. 现场就地实际操作，必须请示有关领导同意，在认真监视下进行 4. 万一遇到生产事故，立即中止考核，退出现场 5. 由于操作引起的异常情况，立即中止操作，恢复原状

工具、材料、设备场地	1. 仿真机 2. 现场设备

<table>
<tr><td rowspan="14">评
分
标
准</td><td colspan="2">序号　　　　　　　项　目　名　称</td></tr>
<tr><td>1</td><td>检查并清理吸入水池，将杂物清理掉</td></tr>
<tr><td>2</td><td>确认吸入水池的水面在允许的水位以上</td></tr>
<tr><td>3</td><td>确认电动机旋转方向正确</td></tr>
<tr><td>4</td><td>向橡胶轴承注水</td></tr>
<tr><td>5</td><td>填料层填料调到不断漏出少量水</td></tr>
<tr><td>6</td><td>泵的第一次启动或停泵时间较长，再启动时，应先盘动转子</td></tr>
<tr><td>7</td><td>排汽阀处于工作状态（手动阀应打开）</td></tr>
<tr><td>8</td><td>检查电动机上、下轴承润滑油油质良好，并送上冷却水</td></tr>
<tr><td>9</td><td>检查有关表计齐全、完好</td></tr>
<tr><td>10</td><td>检查泵入口回转滤网完好（岸边水泵房）</td></tr>
<tr><td>11</td><td>检查动叶角度已调整（只能在静止状态下调整叶角泵，应调至最小位置）</td></tr>
<tr><td>质量
要求</td><td>1. 严格执行运行规程
2. 记录操作时间
3. 及时汇报</td></tr>
<tr><td>得分或
扣分</td><td>1. 操作顺序颠倒扣1～4分，如因操作颠倒导致无法继续操作，该题不得分
2. 操作漏项扣1～4分，如因漏项使操作必须重新开始，但不导致不良后果的，扣该题总分的50%；如导致不良后果的，该题不得分
3. 每项操作后必须检查操作结果，再开始下一步操作；否则，扣1～4分
4. 因误操作致使过程延误，但不造成不良后果的，扣该题总分的50%；造成不良后果的，该题不得分
5. 每项操作结束后，应汇报、记录；否则，该题扣1～4分
6. 操作过程中违反安全及运行规程的，取消考核</td></tr>
</table>

编　号	C54A011	行为领域	e	鉴定范围	1
考核时间	20min	题　型	A	题　分	20

试题正文	循环水泵（轴流泵）启动操作
需要说明的问题和要求	1. 在仿真机上操作时，必须按仿真机的有关规定和要求进行操作 2. 现场就地操作演示，不得触动运行设备 3. 现场就地实际操作，必须请示有关领导同意，在认真监视下进行 4. 万一遇到生产事故，立即中止考核，退出现场 5. 由于操作引起的异常情况，立即中止操作，恢复原状
工具、材料、设备场地	1. 仿真机 2. 现场设备

评分标准		序号	项　目　名　称
		1 1.1 1.2	闭阀启动操作 投入主泵和出口阀门操作开关，同时启动主泵和出口阀门（要求出口阀门在极短时间内打开，水泵在出口阀关闭下运行不超过 1min） 检查电动机电流和水泵出口压力是否符合规定
		2 2.1 2.2 2.3 2.4 2.5	开阀启动操作 开启出口阀到一定位置 投入主泵操作开关，开启出口阀到全开 检查电动机电流和水泵出口压力是否符合规定，泵组振动、声音无异常 水泵运行正常后，检查、关闭水泵排气阀 投入联动开关
	质量要求		1. 严格执行运行规程 2. 记录操作时间 3. 及时汇报
	得分或扣分		1. 操作顺序颠倒扣 1～4 分，如因操作颠倒导致无法继续操作，该题不得分 2. 操作漏项扣 1～4 分，如因漏项使操作必须重新开始，但不导致不良后果的，扣该题总分的 50%；如导致不良后果的，该题不得分 3. 每项操作后必须检查操作结果，再开始下一步操作；否则，扣 1～4 分 4. 因误操作致使过程延误，但不造成不良后果的，扣该题总分的 50%；造成不良后果的，该题不得分 5. 每项操作结束后，应汇报、记录；否则，该题扣 1～4 分 6. 操作过程中违反安全及运行规程的，取消考核

编　号	C54A012	行为领域	e	鉴定范围	2
考核时间	10min	题　型	A	题　分	20
试题正文	循环水泵（轴流泵）停用操作				

需要说明的问题和要求	1. 在仿真机上操作时，必须按仿真机的有关规定和要求进行操作 2. 现场就地操作演示，不得触动运行设备 3. 现场就地实际操作，必须请示有关领导同意，在认真监视下进行 4. 万一遇到生产事故，立即中止考核，退出现场 5. 由于操作引起的异常情况，立即中止操作，恢复原状
工具、材料、设备场地	1. 仿真机 2. 现场设备

评分标准		序号	项　目　名　称
		1 2 3	切断联动开关 关小出口阀至某一位置，断开主泵操作开关，停止水泵 全关出口阀门
	质量要求		1. 严格执行运行规程 2. 记录操作时间 3. 及时汇报
	得分或扣分		1. 操作顺序颠倒扣1～4分，如因操作颠倒导致无法继续操作，该题不得分 2. 操作漏项扣1～4分，如因漏项使操作必须重新开始，但不导致不良后果的，扣该题总分的50%；如导致不良后果的，该题不得分 3. 每项操作后必须检查操作结果，再开始下一步操作；否则，扣1～4分 4. 因误操作致使过程延误，但不造成不良后果的，扣该题总分的50%；造成不良后果的，该题不得分 5. 每项操作结束后，应汇报、记录；否则，该题扣1～4分 6. 操作过程中违反安全及运行规程的，取消考核

行业：电力工程　　　　工种：水泵值班员　　　　等级：初/中

编　号	C54A013	行为领域	e	鉴定范围	1
考核时间	20min	题　型	A	题　分	20

试题正文	给水泵启动前检查准备工作
需要说明的问题和要求	1. 在仿真机上操作时，必须按仿真机的有关规定和要求进行操作 2. 现场就地操作演示，不得触动运行设备 3. 现场就地实际操作，必须请示有关领导同意，在认真监视下进行 4. 万一遇到生产事故，立即中止考核，退出现场 5. 由于操作引起的异常情况，立即中止操作，恢复原状
工具、材料、设备场地	1. 仿真机 2. 现场设备

	序号	项　目　名　称
评分标准	1	确认检查检修工作已全部结束，工作票已终结收回，安全措施已拆除，准备好操作工具
	2	各表计应齐全、完好，表门开启，联系热工送上表计和保护电源
	3	水泵、电动机完整可靠，联轴器、轴端护罩完好牢固，电动机接地良好
	4	检查轴向位移指示是否在中间位置
	5	给水泵连锁开关、低油压开关在断开位置
	6	联系电气测量各电动机绝缘合格，送上电动阀门电源
	7	检查各系统阀门位置是否符合规程规定
	8	投入机械密封水、轴端密封冷却水，给水管道系统注水排气
	9	暖泵
	10	投入油循环
	11	给水泵启动前试验合格
	质量要求	1. 严格执行运行规程 2. 记录操作时间 3. 及时汇报
	得分或扣分	1. 操作顺序颠倒扣1～4分，如因操作颠倒导致无法继续操作，该题不得分 2. 操作漏项扣1～4分，如因漏项使操作必须重新开始，但不导致不良后果的，扣该题总分的50%；如导致不良后果的，该题不得分 3. 每项操作后必须检查操作结果，再开始下一步操作；否则，扣1～4分 4. 因误操作致使过程延误，但不造成不良后果的，扣该题总分的50%；造成不良后果的，该题不得分 5. 每项操作结束后，应汇报、记录；否则，该题扣1～4分 6. 操作过程中违反安全及运行规程的，取消考核

编　　号	C54A014	行为领域	e	鉴定范围	1
考核时间	10min	题　　型	A	题　　分	20

试题正文	定速给水泵启动操作

需要说明的问题和要求	1. 在仿真机上操作时，必须按仿真机的有关规定和要求进行操作 2. 现场就地操作演示，不得触动运行设备 3. 现场就地实际操作，必须请示有关领导同意，在认真监视下进行 4. 万一遇到生产事故，立即中止考核，退出现场 5. 由于操作引起的异常情况，立即中止操作，恢复原状

工具、材料、设备场地	1. 仿真机 2. 现场设备

评分标准		序号	项　目　名　称
		1	按电厂运行规程对给水、冷却水、油系统及给水泵相关仪表等进行检查
		2	启动辅助油泵，检查油系统是否正常
		3	关闭暖泵门（按电厂运行规程确定暖泵时间）
		4	开启再循环门
		5	联系值长、锅炉班长，启动给水泵，检查给水泵电流是否正常
		6	全面检查正常后，开启水泵出口门，开启锅炉减温水门，按运行规程进行给水系统调节，流量大于规定最小流量（25%～30%）时，关闭再循环门
	质量要求		1. 严格执行运行规程 2. 记录操作时间 3. 及时汇报
	得分或扣分		1. 操作顺序颠倒扣1～4分，如因操作颠倒导致无法继续操作，该题不得分 2. 操作漏项扣1～4分，如因漏项使操作必须重新开始，但不导致不良后果的，扣该题总分的50%；如导致不良后果的，该题不得分 3. 每项操作后必须检查操作结果，再开始下一步操作；否则，扣1～4分 4. 因误操作致使过程延误，但不造成不良后果的，扣该题总分的50%；造成不良后果的，该题不得分 5. 每项操作结束后，应汇报、记录；否则，该题扣1～4分 6. 操作过程中违反安全及运行规程的，取消考核

编　　号	C54A015	行为领域	e	鉴定范围	2
考核时间	10min	题　型	A	题　分	20
试题正文	定速给水泵停用操作				

需要说明的问题和要求	1. 在仿真机上操作时，必须按仿真机的有关规定和要求进行操作 2. 现场就地操作演示，不得触动运行设备 3. 现场就地实际操作，必须请示有关领导同意，在认真监视下进行 4. 万一遇到生产事故，立即中止考核，退出现场 5. 由于操作引起的异常情况，立即中止操作，恢复原状
工具、材料、设备场地	1. 仿真机 2. 现场设备

评分标准		序号	项　目　名　称
		1 2 3 4 5 6	联系锅炉班长，准备停用给水泵 启动辅助油泵，检查是否正常 逐渐开启给水泵再循环门，关闭出水门 关闭主蒸汽、再热蒸汽减温水门 调整给水泵连锁开关，停用给水泵，注意给水泵惰走时间 给水泵停转后，按电厂规程调整冷却水
	质量要求		1. 严格执行运行规程 2. 记录操作时间 3. 及时汇报
	得分或扣分		1. 操作顺序颠倒扣 1～4 分，如因操作颠倒导致无法继续操作，该题不得分 　2. 操作漏项扣 1～4 分，如因漏项使操作必须重新开始，但不导致不良后果的，扣该题总分的 50%；如导致不良后果的，该题不得分 　3. 每项操作后必须检查操作结果，再开始下一步操作；否则，扣 1～4 分 　4. 因误操作致使过程延误，但不造成不良后果的，扣该题总分的 50%；造成不良后果的，该题不得分 　5. 每项操作结束后，应汇报、记录；否则，该题扣 1～4 分 　6. 操作过程中违反安全及运行规程的，取消考核

行业：电力工程　　　　工种：水泵值班员　　　　等级：初/中

编　　号	C54A016	行为领域	e	鉴定范围	1
考核时间	10min	题　　型	A	题　　分	20

试题正文	调速给水泵启动操作

需要说明的问题和要求	1. 在仿真机上操作时，必须按仿真机的有关规定和要求进行操作 2. 现场就地操作演示，不得触动运行设备 3. 现场就地实际操作，必须请示有关领导同意，在认真监视下进行 4. 万一遇到生产事故，立即中止考核，退出现场 5. 由于操作引起的异常情况，立即中止操作，恢复原状

工具、材料、设备场地	1. 仿真机 2. 现场设备

评分标准	序号	项　目　名　称
	1	按电厂运行规程对给水系统、冷却水系统、油系统及给水泵相关仪表等进行检查
	2	启动辅助油泵，检查油系统是否正常
	3	启动密封泵，检查给水泵密封水是否正常
	4	关闭暖泵门（暖泵时间按电厂运行规程）
	5	开启再循环门
	6	联系值长、锅炉班长，启动给水泵，检查电流是否正常
	7	全面检查正常后，开启水泵出口门，开启锅炉减温水门，按电厂运行规程进行给水调节
	8	流量大于规定最小流量（25%～30%）时，关闭再循环门
	质量要求	1. 严格执行运行规程 2. 记录操作时间 3. 及时汇报
	得分或扣分	1. 操作顺序颠倒扣1～4分，如因操作颠倒导致无法继续操作，该题不得分 　2. 操作漏项扣1～4分，如因漏项使操作必须重新开始，但不导致不良后果的，扣该题总分的50%；如导致不良后果的，该题不得分 　3. 每项操作后必须检查操作结果，再开始下一步操作；否则，扣1～4分 　4. 因误操作致使过程延误，但不造成不良后果的，扣该题总分的50%；造成不良后果的，该题不得分 　5. 每项操作结束后，应汇报、记录；否则，该题扣1～4分 　6. 操作过程中违反安全及运行规程的，取消考核

214

行业：电力工程　　　　工种：水泵值班员　　　　等级：初/中

编　　号	C54A017	行为领域	e	鉴定范围	2
考核时间	10min	题　　型	A	题　　分	20

试题正文	调速给水泵停用操作

需要说明的问题和要求	1. 在仿真机上操作时，必须按仿真机的有关规定和要求进行操作 2. 现场就地操作演示，不得触动运行设备 3. 现场就地实际操作，必须请示有关领导同意，在认真监视下进行 4. 万一遇到生产事故，立即中止考核，退出现场 5. 由于操作引起的异常情况，立即中止操作，恢复原状

工具、材料、设备场地	1. 仿真机 2. 现场设备

<table>
<tr><td rowspan="9" colspan="2">评

分

标

准</td><td>序号</td><td>项　目　名　称</td></tr>
<tr><td>1
2
3

4
5
6</td><td>联系锅炉班长，准备停用给水泵
启动辅助油泵，检查是否正常
逐渐降低给水泵转速、给水流量，当流量小于电厂运行规程规定值时，给水泵再循环门自动打开（如不能自动打开，应手动打开），关闭出水门
关闭锅炉再热器减温水门
调整给水泵连锁开关，停用给水泵，记录惰走时间
给水泵停转后，按电厂规程，调整冷却水门</td></tr>
<tr><td>质量要求</td><td>1. 严格执行运行规程
2. 记录操作时间
3. 及时汇报</td></tr>
<tr><td>得分或扣分</td><td>1. 操作顺序颠倒扣 1～4 分，如因操作颠倒导致无法继续操作，该题不得分
　2. 操作漏项扣 1～4 分，如因漏项使操作必须重新开始，但不导致不良后果的，扣该题总分的 50%；如导致不良后果的，该题不得分
　3. 每项操作后必须检查操作结果，再开始下一步操作；否则，扣 1～4 分
　4. 因误操作致使过程延误，但不造成不良后果的，扣该题总分的 50%；造成不良后果的，该题不得分
　5. 每项操作结束后，应汇报、记录；否则，该题扣 1～4 分
　6. 操作过程中违反安全及运行规程的，取消考核</td></tr>
</table>

编　号	C54A018	行为领域	e	鉴定范围	1、2
考核时间	10min	题　型	A	题　分	20
试题正文	离心式水泵切换操作				
需要说明的问题和要求	1. 在仿真机上操作时，必须按仿真机的有关规定和要求进行操作 2. 现场就地操作演示，不得触动运行设备 3. 现场就地实际操作，必须请示有关领导同意，在认真监视下进行 4. 万一遇到生产事故，立即中止考核，退出现场 5. 由于操作引起的异常情况，立即中止操作，恢复原状				
工具、材料、设备场地	1. 仿真机 2. 现场设备				

<table>
<tr><td rowspan="9">评
分
标
准</td><td colspan="2">序号</td><td colspan="4">项　目　名　称</td></tr>
<tr><td colspan="2">1
2
3

4</td><td colspan="4">备用泵轴承油位正常
备用泵进口门开足
启动备用泵，检查电流；出口压力应正常；泵及电动机运行平稳；轴承、轴封、电动机不发烫
停用原运行泵，检查水泵应不倒转，将停用泵投入联动备用</td></tr>
<tr><td colspan="2">质量要求</td><td colspan="4">1. 严格执行运行规程
2. 记录操作时间
3. 及时汇报</td></tr>
<tr><td colspan="2">得分或扣分</td><td colspan="4">1. 操作顺序颠倒扣1～4分，如因操作颠倒导致无法继续操作，该题不得分
2. 操作漏项扣1～4分，如因漏项使操作必须重新开始，但不导致不良后果的，扣该题总分的50%；如导致不良后果的，该题不得分
3. 每项操作后必须检查操作结果，再开始下一步操作；否则，扣1～4分
4. 因误操作致使过程延误，但不造成不良后果的，扣该题总分的50%；造成不良后果的，该题不得分
5. 每项操作结束后，应汇报、记录；否则，该题扣1～4分
6. 操作过程中违反安全及运行规程的，取消考核</td></tr>
</table>

行业：电力工程　　　工种：水泵值班员　　　等级：初/中

编　号	C54A019	行为领域	e	鉴定范围	1、2
考核时间	10min	题　型	A	题　分	20
试题正文	给水泵正常切换操作				
需要说明的问题和要求	1. 在仿真机上操作时，必须按仿真机的有关规定和要求进行操作 2. 现场就地操作演示，不得触动运行设备 3. 现场就地实际操作，必须请示有关领导同意，在认真监视下进行 4. 万一遇到生产事故，立即中止考核，退出现场 5. 由于操作引起的异常情况，立即中止操作，恢复原状				
工具、材料、设备场地	1. 仿真机 2. 现场设备				

<table>
<tr><td rowspan="13">评
分
标
准</td><td colspan="2">序号</td><td>项　目　名　称</td></tr>
<tr><td colspan="2">1</td><td>合上备用泵操作开关，检查电流、声音、振动、出口压力是否正常</td></tr>
<tr><td colspan="2">2</td><td>停用辅助油泵，注意油压，投入低油压连锁小开关、给水泵连锁开关，关闭暖泵门，调整盘根冷却水</td></tr>
<tr><td colspan="2">3</td><td>检查各部分正常后，关小再循环门，注意给水泵的电流、出口压力的变化</td></tr>
<tr><td colspan="2">4</td><td>开启运行给水泵再循环门，关闭出水门，注意出口压力和电流，当出口门全闭后，电动机电流应为空负荷电流，投运的给水泵不得过负荷，根据出口压力、电流调整再循环门</td></tr>
<tr><td colspan="2">5</td><td>投运给水泵轴承温度达 40℃时，投入冷油器水侧；电动机入口风温达 30℃时，投入空气冷却器水侧</td></tr>
<tr><td colspan="2">6</td><td>确认投运给水泵运行正常后，启动停运泵辅助油泵</td></tr>
<tr><td colspan="2">7</td><td>断开停运泵操作开关，注意油压，记录惰走时间</td></tr>
<tr><td colspan="2">8</td><td>各轴承回油温度低于 40℃时，停冷油器水侧；电动机出风温度低于 40℃时，停空气冷却器水侧</td></tr>
<tr><td colspan="2">9</td><td>停泵后作为备用时，恢复备用状态</td></tr>
<tr><td colspan="2">10</td><td>停泵后不作备用时，给水泵静止后 0.5h 停辅助油泵</td></tr>
<tr><td rowspan="2">质量要求</td><td colspan="2">1. 严格执行运行规程
2. 记录操作时间
3. 及时汇报</td></tr>
<tr><td colspan="2">得分或扣分</td><td>1. 操作顺序颠倒扣 1～4 分，如因操作颠倒导致无法继续操作，该题不得分
2. 操作漏项扣 1～4 分，如因漏项使操作必须重新开始，但不导致不良后果的，扣该题总分的 50%；如导致不良后果的，该题不得分
3. 每项操作后必须检查操作结果，再开始下一步操作；否则，扣 1～4 分
4. 因误操作致使过程延误，但不造成不良后果的，扣该题总分的 50%；造成不良后果的，该题不得分
5. 每项操作结束后，应汇报、记录；否则，该题扣 1～4 分
6. 操作过程中违反安全及运行规程的，取消考核</td></tr>
</table>

行业：电力工程　　　　工种：水泵值班员　　　　等级：初/中

编　　号	C54A020	行为领域	e	鉴定范围	6、4
考核时间	10min	题　　型	A	题　　分	20

试题正文	离心式水泵联动试验

需要说明的问题和要求	1. 在仿真机上操作时，必须按仿真机的有关规定和要求进行操作 2. 现场就地操作演示，不得触动运行设备 3. 现场就地实际操作，必须请示有关领导同意，在认真监视下进行 4. 万一遇到生产事故，立即中止考核，退出现场 5. 由于操作引起的异常情况，立即中止操作，恢复原状

工具、材料、设备场地	1. 仿真机 2. 现场设备

<table>
<tr><th colspan="2">序号</th><th>项　目　名　称</th></tr>
<tr><td rowspan="13">评

分

标

准</td><td>1
2
3
4
5

6</td><td>通知电气将水泵开关置于试验位置
关闭水泵出口门，开启进口门
启动一台泵运行正常
投入连锁开关
按运行泵事故按钮，运行泵跳闸，备用泵联动。合上联动泵操作开关，断开跳闸泵操作开关
用同样方法进行另一台泵的联动试验</td></tr>
<tr><td>质量
要求</td><td>1. 严格执行运行规程
2. 记录操作时间
3. 及时汇报</td></tr>
<tr><td>得分或
扣分</td><td>　1. 操作顺序颠倒扣 1～4 分，如因操作颠倒导致无法继续操作，该题不得分
　2. 操作漏项扣 1～4 分，如因漏项使操作必须重新开始，但不导致不良后果的，扣该题总分的 50%；如导致不良后果的，该题不得分
　3. 每项操作后必须检查操作结果，再开始下一步操作；否则，扣 1～4 分
　4. 因误操作致使过程延误，但不造成不良后果的，扣该题总分的 50%；造成不良后果的，该题不得分
　5. 每项操作结束后，应汇报、记录；否则，该题扣 1～4 分
　6. 操作过程中违反安全及运行规程的，取消考核</td></tr>
</table>

行业：电力工程　　　　工种：水泵值班员　　　等级：初/中

编　　号	C54A021	行为领域	e	鉴定范围	6、4
考核时间	15min	题　　型	A	题　　分	20
试题正文	循环水泵互为联动试验				
需要说明的问题和要求	1. 在仿真机上操作时，必须按仿真机的有关规定和要求进行操作 2. 现场就地操作演示，不得触动运行设备 3. 现场就地实际操作，必须请示有关领导同意，在认真监视下进行 4. 万一遇到生产事故，立即中止考核，退出现场 5. 由于操作引起的异常情况，立即中止操作，恢复原状				
工具、材料、设备场地	1. 仿真机 2. 现场设备				

	序号	项　目　名　称
评分标准	1	通知电气将循环水泵开关置于试验位置
	2	合上一台循环水泵开关，水泵联动开关置于投入位置
	3	备用泵连锁开关和出口门联动开关放在工作位置
	4	按运行泵事故按钮，运行泵跳闸，同时出口门自动关闭，备用泵自启动，出口门自动开启
	5	恢复运行泵及跳闸泵开关
	6	用同样的方法校验另一台循环水泵
	质量要求	1. 严格执行运行规程 2. 记录操作时间 3. 及时汇报
	得分或扣分	1. 操作顺序颠倒扣1～4分，如因操作颠倒导致无法继续操作，该题不得分 　2. 操作漏项扣1～4分，如因漏项使操作必须重新开始，但不导致不良后果的，扣该题总分的50%；如导致不良后果的，该题不得分 　3. 每项操作后必须检查操作结果，再开始下一步操作；否则，扣1～4分 　4. 因误操作致使过程延误，但不造成不良后果的，扣该题总分的50%；造成不良后果的，该题不得分 　5. 每项操作结束后，应汇报、记录；否则，该题扣1～4分 　6. 操作过程中违反安全及运行规程的，取消考核

行业：电力工程　　　　工种：水泵值班员　　　　等级：初/中

编　　号	C54A022	行为领域	e	鉴定范围	6、4
考核时间	20min	题　　型	A	题　　分	20

试题正文	给水泵互为联动试验

需要说明的问题和要求	1. 在仿真机上操作时，必须按仿真机的有关规定和要求进行操作 2. 现场就地操作演示，不得触动运行设备 3. 现场就地实际操作，必须请示有关领导同意，在认真监视下进行 4. 万一遇到生产事故，立即中止考核，退出现场 5. 由于操作引起的异常情况，立即中止操作，恢复原状

工具、材料、设备场地	1. 仿真机 2. 现场设备

<table>
<tr><td rowspan="12">评分标准</td><td colspan="2">序号</td><td colspan="2">项 目 名 称</td></tr>
<tr><td colspan="2">1</td><td colspan="2">通知电气人员拉掉 6kV 动力电源，送上控制电源投入给水泵连锁开关</td></tr>
<tr><td colspan="2">2</td><td colspan="2">低水压开关解列</td></tr>
<tr><td colspan="2">3</td><td colspan="2">启动辅助油泵，投用密封水（调速给水泵），合上给水泵开关。启动备用泵辅助油泵</td></tr>
<tr><td colspan="2">4</td><td colspan="2">按运行泵事故按钮，运行泵开关跳闸，绿灯亮闪光，备用泵自动投入；红灯亮而闪光，恢复开关按钮</td></tr>
<tr><td colspan="2">5</td><td colspan="2">用同样方法校验另一台给水泵</td></tr>
<tr><td colspan="2">质量要求</td><td colspan="2">1. 严格执行运行规程
2. 记录操作时间
3. 及时汇报</td></tr>
<tr><td colspan="2">得分或扣分</td><td colspan="2">1. 操作顺序颠倒扣 1～4 分，如因操作颠倒导致无法继续操作，该题不得分
2. 操作漏项扣 1～4 分，如因漏项使操作必须重新开始，但不导致不良后果的，扣该题总分的 50%；如导致不良后果的，该题不得分
3. 每项操作后必须检查操作结果，再开始下一步操作；否则，扣 1～4 分
4. 因误操作致使过程延误，但不造成不良后果的，扣该题总分的50%；造成不良后果的，该题不得分
5. 每项操作结束后，应汇报、记录；否则，该题扣 1～4 分
6. 操作过程中违反安全及运行规程的，取消考核</td></tr>
</table>

行业：电力工程　　　　工种：水泵值班员　　　　等级：初/中

编　　号	C54A023	行为领域	e	鉴定范围	6、4
考核时间	15min	题　型	A	题　分	20

试题正文	低水压启动备用给水泵试验

需要说明的问题和要求	1. 在仿真机上操作时，必须按仿真机的有关规定和要求进行操作 2. 现场就地操作演示，不得触动运行设备 3. 现场就地实际操作，必须请示有关领导同意，在认真监视下进行 4. 万一遇到生产事故，立即中止考核，退出现场 5. 由于操作引起的异常情况，立即中止操作，恢复原状

工具、材料、设备场地	1. 仿真机 2. 现场设备

	序号	项　目　名　称
	1 2 3 4 5	联系电气将给水泵 6kV 动力电源拉脱，控制电源送上 低水压启动备用给水泵定值按电厂规程 启动备用给水泵的给油泵，检查其是否正常 短接低水压指针，检查备用给水泵自启动是否正常，复置开关 将给水泵连锁开关放"解列"位置，停用给水泵和辅助油泵

评分标准	质量要求	1. 严格执行运行规程 2. 记录操作时间 3. 及时汇报
	得分或扣分	1. 操作顺序颠倒扣 1～4 分，如因操作颠倒导致无法继续操作，该题不得分 2. 操作漏项扣 1～4 分，如因漏项使操作必须重新开始，但不导致不良后果的，扣该题总分的 50%；如导致不良后果的，该题不得分 3. 每项操作后必须检查操作结果，再开始下一步操作；否则，扣 1～4 分 4. 因误操作致使过程延误，但不造成不良后果的，扣该题总分的 50%；造成不良后果的，该题不得分 5. 每项操作结束后，应汇报、记录；否则，该题扣 1～4 分 6. 操作过程中违反安全及运行规程的，取消考核

编　号	C54A024	行为领域	e	鉴定范围	6、4
考核时间	15min	题　型	A	题　分	20
试题正文	辅助油泵低油压自启动试验				
需要说明的问题和要求	1. 在仿真机上操作时，必须按仿真机的有关规定和要求进行操作 2. 现场就地操作演示，不得触动运行设备 3. 现场就地实际操作，必须请示有关领导同意，在认真监视下进行 4. 万一遇到生产事故，立即中止考核，退出现场 5. 由于操作引起的异常情况，立即中止操作，恢复原状				
工具、材料、设备场地	1. 仿真机 2. 现场设备				

评分标准		序号	项 目 名 称
		1 2 3 4 5 6 7	确认给水泵状态良好，具备试验条件，将电气开关置于试验位置 按规程规定调整给水泵各油压定值（或按本厂规定） 启动辅助油泵，满足给水泵启动条件，启动给水泵 投入辅助油泵连锁，停辅助油泵，当油压减低到 0.10MPa 以下时，辅助油泵应自启动，发报警，复归辅助油泵 解除辅助油泵连锁，停辅助油泵，当油压减低到 0.05MPa 时，给水泵跳闸 复归给水泵开关，根据现场情况要求电气将给水泵开关转为需要的状态
	质量要求		1. 严格执行运行规程 2. 记录操作时间 3. 及时汇报
	得分或扣分		1. 操作顺序颠倒扣 1～4 分，如因操作颠倒导致无法继续操作，该题不得分 2. 操作漏项扣 1～4 分，如因漏项使操作必须重新开始，但不导致不良后果的，扣该题总分的 50%；如导致不良后果的，该题不得分 3. 每项操作后必须检查操作结果，再开始下一步操作；否则，扣 1～4 分 4. 因误操作使过程延误，但不造成不良后果的，扣该题总分的 50%；造成不良后果的，该题不得分 5. 每项操作结束后，应汇报、记录；否则，该题扣 1～4 分 6. 操作过程中违反安全及运行规程的，取消考核

行业：电力工程　　　工种：水泵值班员　　　等级：中/高

编　号	C43A025	行为领域	e	鉴定范围	2
考核时间	15min	题　型	A	题　分	20

试题正文	给水泵故障切换操作

需要说明的问题和要求	1. 在仿真机上操作时，必须按仿真机的有关规定和要求进行操作 2. 现场就地操作演示，不得触动运行设备 3. 现场就地实际操作，必须请示有关领导同意，在认真监视下进行 4. 万一遇到生产事故，立即中止考核，退出现场 5. 由于操作引起的异常情况，立即中止操作，恢复原状

工具、材料、设备场地	1. 仿真机 2. 现场设备

评分标准	序号	项　目　名　称
	1 2 3 4 5	启动备用泵，检查水泵各部分是否正常 开启故障泵再循环门，关闭运行泵再循环门 关闭故障泵出口门 停止故障泵 汇报班长，作好记录
	质量要求	1. 严格执行运行规程及上级有关规定 2. 判断事故准确、快捷 3. 处理事故正确、果断 4. 不错项、漏项 5. 记录事故发生、结束时间 6. 及时汇报
	得分或扣分	1. 操作顺序颠倒扣1~4分，如因操作颠倒导致无法继续操作，该题不得分 2. 操作漏项扣1~4分，如因漏项使操作必须重新开始，但不导致不良后果的，扣该题总分的50%；如导致不良后果的，该题不得分 3. 每项操作后必须检查操作结果，再开始下一步操作；否则，扣1~4分 4. 因误操作致使过程延误，但不造成不良后果的，扣该题总分的50%；造成不良后果的，该题不得分 5. 每项操作结束后，应汇报、记录；否则，该题扣1~4分 6. 操作过程中违反安全及运行规程的，取消考核

行业：电力工程　　　　工种：水泵值班员　　　　等级：初/中

编　　号	C54A026	行为领域	e	鉴定范围	6、4
考核时间	20min	题　　型	A	题　　分	20
试题正文	给水泵跳闸联关出水阀试验				
需要说明的问题和要求	1. 在仿真机上操作时，必须按仿真机的有关规定和要求进行操作 2. 现场就地操作演示，不得触动运行设备 3. 现场就地实际操作，必须请示有关领导同意，在认真监视下进行 4. 万一遇到生产事故，立即中止考核，退出现场 5. 由于操作引起的异常情况，立即中止操作，恢复原状				
工具、材料、设备场地	1. 仿真机 2. 现场设备				

评分标准		序号	项　目　名　称
		1 2 3 4	将电气开关置于试验位置 合上试验泵操作开关，开启出口阀 按试验泵事故按钮，水泵跳闸，出口阀关闭 恢复试验前状态
	质量要求		1. 严格执行运行规程 2. 记录操作时间 3. 及时汇报
	得分或扣分		1. 操作顺序颠倒扣 1～4 分，如因操作颠倒导致无法继续操作，该题不得分 　2. 操作漏项扣 1～4 分，如因漏项使操作必须重新开始，但不导致不良后果的，扣该题总分的 50%；如导致不良后果的，该题不得分 　3. 每项操作后必须检查操作结果，再开始下一步操作；否则，扣 1～4 分 　4. 因误操作致使过程延误，但不造成不良后果的，扣该题总分的 50%；造成不良后果的，该题不得分 　5. 每项操作结束后，应汇报、记录；否则，该题扣 1～4 分 　6. 操作过程中违反安全及运行规程的，取消考核

编　号	C54A027	行为领域	e	鉴定范围	5
考核时间	15min	题　型	A	题　分	20
试题正文	水泵在启动时不出水的原因检查及处理				
需要说明的问题和要求	1. 在仿真机上操作时，必须按仿真机的有关规定和要求进行操作 2. 现场就地操作演示，不得触动运行设备 3. 现场就地实际操作，必须请示有关领导同意，在认真监视下进行 4. 万一遇到生产事故，立即中止考核，退出现场 5. 由于操作引起的异常情况，立即中止操作，恢复原状				
工具、材料、设备场地	1. 仿真机 2. 现场设备				

	序号	项　目　名　称
评分标准	1 1.1 1.2 1.3 1.4 1.5 1.6 1.7 1.8	原因 启动前未注水或未注满水 吸水高度过大 吸水管漏气或有气泡 入口滤网堵塞或底部止回阀卡涩 转速低 入口门未开或入口阀头脱落 电动机转向不正确 泵的通流部分堵塞或损坏
	2 2.1 2.2 2.3 2.4 2.5 2.6 2.7 2.8	处理 停泵重新注水 降低吸水高度 检查吸水管，消除漏气 清理入口滤网或处理底阀 联系电气处理 开启入口门或停泵检修 停泵联系电气处理 停泵联系检修处理
	质量要求	1. 严格执行运行规程及上级有关规定 2. 判断事故准确、快捷 3. 处理事故正确、果断 4. 不错项、漏项 5. 记录事故发生、结束时间 6. 及时汇报

序号	项 目 名 称

| 评分标准 | 得分或扣分 | 1. 操作顺序颠倒扣 1～4 分，如因操作颠倒导致无法继续操作，该题不得分

2. 操作漏项扣 1～4 分，如因漏项使操作必须重新开始，但如未导致不良后果的，扣该题总分的 50%；如导致不良后果的，该题不得分

3. 每项操作后必须检查操作结果，再开始下一步操作；否则，扣 1～4 分

4. 因误操作致使过程延误，但不造成不良后果的，扣该题总分的 50%；造成不良后果的，该题不得分

5. 每项操作结束后，应汇报、记录；否则，该题扣 1～4 分

6. 操作过程中违反安全及运行规程的，取消考核 |

行业：电力工程　　　　工种：水泵值班员　　　　等级：初/中

编　号	C54A028	行为领域	e	鉴定范围	5
考核时间	15min	题　型	A	题　分	20

试题正文	水泵启动后出水量很少的原因检查及处理
需要说明的问题和要求	1. 在仿真机上操作时，必须按仿真机的有关规定和要求进行操作 2. 现场就地操作演示，不得触动运行设备 3. 现场就地实际操作，必须请示有关领导同意，在认真监视下进行 4. 万一遇到生产事故，立即中止考核，退出现场 5. 由于操作引起的异常情况，立即中止操作，恢复原状
工具、材料、设备场地	1. 仿真机 2. 现场设备

评分标准		序号	项　目　名　称
		1 1.1 1.2 1.3 1.4 1.5	原因 进口阀门、出口阀门、底阀、止回阀故障不能正常开启 入口滤网、底阀、管道、水泵同流部分局部被杂物堵塞 吸水管路接头不严密、盘根轴封处不严漏气 叶轮磨损、卡圈间隙大或磨损 电动机转向不正确
		2 2.1 2.2 2.3 2.4 2.5	处理 停泵联系检修处理 检查清理 查接头对口，拧紧法兰或换垫，调整更换盘根 检查更换部件 调整转向
	质量要求		1. 严格执行运行规程及上级有关规定 2. 判断事故准确、快捷 3. 处理事故正确、果断 4. 不错项、漏项 5. 记录事故发生、结束时间 6. 及时汇报
	得分或扣分		1. 操作顺序颠倒扣1～4分，如因操作颠倒导致无法继续操作，该题不得分 2. 操作漏项扣1～4分，如漏项使操作必须重新开始，但不导致不良后果的，扣该题总分的50%；如导致不良后果的，该题不得分 3. 每项操作后必须检查操作结果，再开始下一步操作；否则，扣1～4分 4. 因误操作致使过程延误，但不造成不良后果的，扣该题总分的50%；造成不良后果的，该题不得分 5. 每项操作结束后，应汇报、记录；否则，该题扣1～4分 6. 操作过程中违反安全及运行规程的，取消考核

行业：电力工程　　　　工种：水泵值班员　　　　等级：初/中

编　　号	C54A029	行为领域	f	鉴定范围	5
考核时间	10min	题　型	A	题　分	20
试题正文	水泵轴封填料发热原因及处理				
需要说明的问题和要求	1. 在仿真机上操作时，必须按仿真机的有关规定和要求进行操作 2. 现场就地操作演示，不得触动运行设备 3. 现场就地实际操作，必须请示有关领导同意，在认真监视下进行 4. 万一遇到生产事故，立即中止考核，退出现场 5. 由于操作引起的异常情况，立即中止操作，恢复原状				
工具、材料、设备场地	1. 仿真机 2. 现场设备				

	序号	项　目　名　称
评分标准	1 1.1 1.2 1.3	原因 填料压得太紧或不正 填料冷却水不足 环形密封室（即水封环）相对进水管安装不正确
	2 2.1 2.2 2.3	处理 调整压盖紧度 调整冷却水 联系检修处理
	质量要求	1. 严格执行运行规程及上级有关规定 2. 判断事故准确、快捷 3. 处理事故正确、果断 4. 不错项、漏项 5. 记录事故发生、结束时间 6. 及时汇报
	得分或扣分	1. 操作顺序颠倒扣 1～4 分，如因操作颠倒导致无法继续操作，该题不得分 　2. 操作漏项扣 1～4 分，如因漏项使操作必须重新开始，但不导致不良后果的，扣该题总分的 50%；如导致不良后果的，该题不得分 　3. 每项操作后必须检查操作结果，再开始下一步操作；否则，扣 1～4 分 　4. 因误操作致使过程延误，但不造成不良后果的，扣该题总分的 50%；造成不良后果的，该题不得分 　5. 每项操作结束后，应汇报、记录；否则，该题扣 1～4 分 　6. 操作过程中违反安全及运行规程的，取消考核

行业：电力工程　　　　工种：水泵值班员　　　　等级：初/中

编　　号	C54A030	行为领域		e	鉴定范围	5
考核时间	10min	题　　型		A	题　　分	20
试题正文	给水泵紧急停泵操作					
需要说明的问题和要求	1. 在仿真机上操作时，必须按仿真机的有关规定和要求进行操作 2. 现场就地操作演示，不得触动运行设备 3. 现场就地实际操作，必须请示有关领导同意，在认真监视下进行 4. 万一遇到生产事故，立即中止考核，退出现场 5. 由于操作引起的异常情况，立即中止操作，恢复原状					
工具、材料、设备场地	1. 仿真机 2. 现场设备					

评分标准		序号	项　目　名　称
		1	迅速断开给水泵操作开关或按事故按钮，检查辅助油泵自启动，否则手动启动
		2	备用给水泵不能联动时，立即手动启动
		3	完成启、停后的其他操作
		4	汇报班长、值长，做好记录
	质量要求		1. 严格执行运行规程及上级有关规定 2. 判断事故准确、快捷 3. 处理事故正确、果断 4. 不错项、漏项 5. 记录事故发生、结束时间 6. 及时汇报
	得分或扣分		1. 操作顺序颠倒扣1～4分，如因操作颠倒导致无法继续操作，该题不得分 　2. 操作漏项扣1～4分，如因漏项使操作必须重新开始，但不导致不良后果的，扣该题总分的50%；如导致不良后果的，该题不得分 　3. 每项操作后必须检查操作结果，再开始下一步操作；否则，扣1～4分 　4. 因误操作致使过程延误，但不造成不良后果的，扣该题总分的50%；造成不良后果的，该题不得分 　5. 每项操作结束后，应汇报、记录；否则，该题扣1～4分 　6. 操作过程中违反安全及运行规程的，取消考核

4.2.2 多项操作

行业：电力工程　　　　工种：水泵值班员　　　　等级：初/中

编　号	C54B031	行为领域	e	鉴定范围	5
考核时间	10min	题　型	B	题　分	30
试题正文	循环水泵打空的象征及处理				
需要说明的问题和要求	1. 在仿真机上操作时，必须按仿真机的有关规定和要求进行操作 2. 现场就地操作演示，不得触动运行设备 3. 现场就地实际操作，必须请示有关领导同意，在认真监视下进行 4. 万一遇到生产事故，立即中止考核，退出现场 5. 由于操作引起的异常情况，立即中止操作，恢复原状				
工具、材料、设备场地	1. 仿真机 2. 现场设备				

	序号	项　目　名　称
评分标准	1 1.1 1.2 1.3	象征 电流表大幅度变化 出口压力下降或变化 泵内声音异常，出水管振动
	2 2.1 2.2 2.3 2.4	处理 按紧急停泵处理 检查进水阀及滤网前后水位差，必要时清理滤网 检查其他泵运行情况 根据真空情况决定是否降负荷
	质量要求	1. 严格执行运行规程及上级有关规定 2. 判断事故准确、快捷 3. 处理事故正确、果断 4. 不错项、漏项 5. 记录事故发生、结束时间 6. 及时汇报
	得分或扣分	1. 操作顺序颠倒扣1～4分，如因操作颠倒导致无法继续操作，该题不得分 　2. 操作漏项扣1～4分，如因漏项使操作必须重新开始，但不导致不良后果的，扣该题总分的50%；如导致不良后果的，该题不得分 　3. 每项操作后必须检查操作结果，再开始下一步操作；否则，扣1～4分 　4. 因误操作致使过程延误，但不造成不良后果的，扣该题总分的50%；造成不良后果的，该题不得分 　5. 每项操作结束后，应汇报、记录；否则，该题扣1～4分 　6. 操作过程中违反安全及运行规程的，取消考核

行业：电力工程　　　　工种：水泵值班员　　　　等级：初/中

编　　号	C54B032	行为领域	e	鉴定范围	5
考核时间	15min	题　　型	B	题　　分	30

试题正文	循环水泵不能启动的原因及处理
需要说明的 问题和要求	1. 在仿真机上操作时，必须按仿真机的有关规定和要求进行操作 2. 现场就地操作演示，不得触动运行设备 3. 现场就地实际操作，必须请示有关领导同意，在认真监护下进行 4. 万一遇到生产事故，立即中止考核，退出现场 5. 由于操作引起的异常情况，立即中止操作，恢复原状
工具、材料、 设备场地	1. 仿真机 2. 现场设备

评分标准		序号	项　目　名　称
		1 1.1 1.2 1.3 1.4	原因 电动机故障或电气系统、热工有问题 异物进入转动部位，发生卡涩 轴承故障卡住 不能满足启动条件
		2 2.1 2.2 2.3 2.4	处理 检查电动机及电气系统 清理异物 更换轴承 按条件顺序逐一检查
	质量 要求		1. 严格执行运行规程及上级有关规定 2. 判断事故准确、快捷 3. 处理事故正确、果断 4. 不错项、漏项 5. 记录事故发生、结束时间 6. 及时汇报
	得分或 扣分		1. 操作顺序颠倒扣1～4分，如因操作颠倒导致无法继续操作，该题不得分 2. 操作漏项扣1～4分，如因漏项使操作必须重新开始，但不导致不良后果的，扣该题总分的50%；如导致不良后果的，该题不得分 3. 每项操作后必须检查操作结果，再开始下一步操作；否则，扣1～4分 4. 因误操作致使过程延误，但不造成不良后果的，扣该题总分的50%；造成不良后果的，该题不得分 5. 每项操作结束后，应汇报、记录；否则，该题扣1～4分 6. 操作过程中违反安全及运行规程的，取消考核

行业：电力工程　　　　工种：水泵值班员　　　　等级：初/中

编　号	C54B033	行为领域	e	鉴定范围	5
考核时间	15min	题　型	B	题　分	30

试题正文	循环水泵出力不足原因及处理
需要说明的问题和要求	1. 在仿真机上操作时，必须按仿真机的有关规定和要求进行操作 2. 现场就地操作演示，不得触动运行设备 3. 现场就地实际操作，必须请示有关领导同意，在认真监视下进行 4. 万一遇到生产事故，立即中止考核，退出现场 5. 由于操作引起的异常情况，立即中止操作，恢复原状
工具、材料、设备场地	1. 仿真机 2. 现场设备

	序号	项　目　名　称
评 分 标 准	1 1.1 1.2 1.3 1.4 1.5 1.6	原因 吸入侧有异物 叶轮损坏 出口阀调整不当 转速低 吸入空气 发生汽蚀
	2 2.1 2.2 2.3 2.4 2.5 2.6	处理 清理过滤网、叶轮及吸入口 更换叶轮 出口阀再作调节 查明转速低的原因 提高吸入水位或放入木排等浮体 提高吸入水位或调整运行工况点
	质量 要求	1. 严格执行运行规程及上级有关规定 2. 判断事故准确、快捷 3. 处理事故正确、果断 4. 不错项、漏项 5. 记录事故发生、结束时间 6. 及时汇报
	得分或 扣分	1. 操作顺序颠倒扣 1～4 分，如因操作颠倒导致无法继续操作，该题不得分 　2. 操作漏项扣 1～4 分，如因漏项使操作必须重新开始，但不导致不良后果的，扣该题总分的 50%；如导致不良后果的，该题不得分 　3. 每项操作后必须检查操作结果，再开始下一步操作；否则，扣 1～4 分 　4. 因误操作致使过程延误，但不造成不良后果的，扣该题总分的50%；造成不良后果的，该题不得分 　5. 每项操作结束后，应汇报、记录；否则，该题扣 1～4 分 　6. 操作过程中违反安全及运行规程的，取消考核

行业：电力工程　　　　　工种：水泵值班员　　　等级：初/中

编　　号	C54B034	行为领域	e	鉴定范围	5
考核时间	10min	题　　型	B	题　分	30
试题正文	循环水泵出口蝶阀打不开的处理				
需要说明的问题和要求	1. 在仿真机上操作时，必须按仿真机的有关规定和要求进行操作 2. 现场就地操作演示，不得触动运行设备 3. 现场就地实际操作，必须请示有关领导同意，在认真监视下进行 4. 万一遇到生产事故，立即中止考核，退出现场 5. 由于操作引起的异常情况，立即中止操作，恢复原状				
工具、材料、设备场地	1. 仿真机 2. 现场设备				

	序号	项　目　名　称
评分标准	1 2	循环水泵启动后，出口蝶阀打不开，应迅速查明原因，做相应处理 必要时停泵，并联系检修
	质量要求	1. 严格执行运行规程及上级有关规定 2. 判断事故准确、快捷 3. 处理事故正确、果断 4. 不错项、漏项 5. 记录事故发生、结束时间 6. 及时汇报
	得分或扣分	1. 操作顺序颠倒扣 1～4 分，如因操作颠倒导致无法继续操作，该题不得分 2. 操作漏项扣 1～4 分，如因漏项使操作必须重新开始，但不导致不良后果的，扣该题总分的 50%；如导致不良后果的，该题不得分 3. 每项操作后必须检查操作结果，再开始下一步操作；否则，扣 1～4 分 4. 因误操作致使过程延误，但不造成不良后果的，扣该题总分的 50%；造成不良后果的，该题不得分 5. 每项操作结束后，应汇报、记录；否则，该题扣 1～4 分 6. 操作过程中违反安全及运行规程的，取消考核

233

编　　号	C54B035	行为领域	e	鉴定范围	5
考核时间	10min	题　型	B	题　分	30

试题正文	循环水泵出口蝶阀下落的处理

需要说明的问题和要求	1. 在仿真机上操作时，必须按仿真机的有关规定和要求进行操作 2. 现场就地操作演示，不得触动运行设备 3. 现场就地实际操作，必须请示有关领导同意，在认真监视下进行 4. 万一遇到生产事故，立即中止考核，退出现场 5. 由于操作引起的异常情况，立即中止操作，恢复原状

工具、材料、设备场地	1. 仿真机 2. 现场设备

	序号	项　目　名　称
评分标准	1 2	发现循环水泵出口蝶阀下落，即进行全面检查，作相应处理 如因电磁阀或内漏造成，即关闭电磁阀前隔离门或手摇开启出口蝶阀，并联系检修
	质量要求	1. 严格执行运行规程及上级有关规定 2. 判断事故准确、快捷 3. 处理事故正确、果断 4. 不错项、漏项 5. 记录事故发生、结束时间 6. 及时汇报
	得分或扣分	1. 操作顺序颠倒扣 1～4 分，如因操作颠倒导致无法继续操作，该题不得分 2. 操作漏项扣 1～4 分，如因漏项使操作必须重新开始，但不导致不良后果，扣该题总分的 50%；如导致不良后果，该题不得分 3. 每项操作后必须检查操作结果，再开始下一步操作；否则，扣 1～4 分 4. 因误操作致使过程延误，但不造成不良后果的，扣该题总分的 50%；造成不良后果，该题不得分 5. 每项操作结束后，应汇报、记录；否则，该题扣 1～4 分 6. 操作过程中违反安全及运行规程的，取消考核

行业：电力工程　　　　工种：水泵值班员　　　　等级：初/中

编　　号	C54B036	行为领域	e	鉴定范围	6、4
考核时间	15min	题　　型	B	题　　分	30
试题正文	循环水泵出口蝶阀联动试验				

需要说明的问题和要求	1. 在仿真机上操作时，必须按仿真机的有关规定和要求进行操作 2. 现场就地操作演示，不得触动运行设备 3. 现场就地实际操作，必须请示有关领导同意，在认真监视下进行 4. 万一遇到生产事故，立即中止考核，退出现场 5. 由于操作引起的异常情况，立即中止操作，恢复原状
工具、材料、设备场地	1. 仿真机 2. 现场设备

评分标准	序号	项　目　名　称		
	1 2 3	开启某一台循环水泵，其出口蝶阀自动开启 投入循环水泵连锁，打开出口蝶阀油路旁路门，使蝶阀下降至75° 出口电动机启动，出口门开度继续下降至15°，循环水泵跳闸		
	质量要求	1. 严格执行运行规程 2. 记录操作时间 3. 及时汇报		
	得分或扣分	1. 操作顺序颠倒扣1～4分，如因操作颠倒导致无法继续操作，该题不得分 2. 操作漏项扣1～4分，如因漏项使操作必须重新开始，但不导致不良后果的，扣该题总分的50%；如导致不良后果的，该题不得分 3. 每项操作后必须检查操作结果，再开始下一步操作；否则，扣1～4分 4. 因误操作致使过程延误，但不造成不良后果的，扣该题总分的50%；造成不良后果的，该题不得分 5. 每项操作结束后，应汇报、记录；否则，该题扣1～4分 6. 操作过程中违反安全及运行规程的，取消考核		

编　　　号	C54B037	行为领域	e	鉴定范围	6、4
考核时间	15min	题　　型	B	题　　分	30
试题正文	循环水泵跳闸的象征及处理				
需要说明的问题和要求	1. 在仿真机上操作时，必须按仿真机的有关规定和要求进行操作 2. 现场就地操作演示，不得触动运行设备 3. 现场就地实际操作，必须请示有关领导同意，在认真监视下进行 4. 万一遇到生产事故，立即中止考核，退出现场 5. 由于操作引起的异常情况，立即中止操作，恢复原状				
工具、材料、设备场地	1. 仿真机 2. 现场设备				

评分标准	序号	项　目　名　称
	1 1.1 1.2 1.3 1.4	象征 电流表指示到"0"，绿灯亮，红灯熄，事故喇叭响 电动机转速下降 水泵出力下降 备用泵联动
	2 2.1 2.2 2.3 2.4 2.5 2.6	处理 复置联动泵、跳闸泵开关 切换联动开关 检查联动泵运行情况，备用泵未联动的，应迅速启动备用泵 迅速检查跳闸泵是否倒转，发现倒转立即关闭出口门 无备用泵或备用泵开不出，立即汇报班长、值长 联系电气人员检查跳闸原因
	质量要求	1. 严格执行运行规程及上级有关规定 2. 判断事故准确、快捷 3. 处理事故正确、果断 4. 不错项、漏项 5. 记录事故发生、结束时间 6. 及时汇报
	得分或扣分	1. 操作顺序颠倒扣 1～4 分，如因操作颠倒导致无法继续操作，该题不得分 2. 操作漏项扣 1～4 分，如因漏项使操作必须重新开始，但不导致不良后果的，扣该题总分的 50%；如导致不良后果的，该题不得分 3. 每项操作后必须检查操作结果，再开始下一步操作；否则，扣 1～4 分 4. 因误操作致使过程延误，但不造成不良后果的，扣该题总分的 50%；造成不良后果的，该题不得分 5. 每项操作结束后，应汇报、记录；否则，该题扣 1～4 分 6. 操作过程中违反安全及运行规程的，取消考核

行业：电力工程　　　　工种：水泵值班员　　　　等级：初/中

编　　号	C54B038	行为领域	e	鉴定范围	6、4
考核时间	20min	题　　型	B	题　　分	30

试题正文	给水泵低水压试验

需要说明的问题和要求	1. 在仿真机上操作时，必须按仿真机的有关规定和要求进行操作 2. 现场就地操作演示，不得触动运行设备 3. 现场就地实际操作，必须请示有关领导同意，在认真监视下进行 4. 万一遇到生产事故，立即中止考核，退出现场 5. 由于操作引起的异常情况，立即中止操作，恢复原状

工具、材料、设备场地	1. 仿真机 2. 现场设备

评分标准		序号	项　目　名　称
		1 2 3	将试验连锁开关放"备用"位置，其他连锁开关放"解除"位置 将电接点压力表接点接通，有声响，并发出"给水压力低"信号，试验泵联动 断开试验泵操作开关，调整电接点压力表定值
	质量要求		1. 严格执行运行规程 2. 记录操作时间 3. 及时汇报
	得分或扣分		1. 操作顺序颠倒扣 1～4 分，如因操作颠倒导致无法继续操作，该题不得分 2. 操作漏项扣 1～4 分，如因漏项使操作必须重新开始，但不导致不良后果的，扣该题总分的 50%；如导致不良后果的，该题不得分 3. 每项操作后必须检查操作结果，再开始下一步操作；否则，扣 1～4 分 4. 因误操作致使过程延误，但不造成不良后果的，扣该题总分的 50%；造成不良后果的，该题不得分 5. 每项操作结束后，应汇报、记录；否则，该题扣 1～4 分 6. 操作过程中违反安全及运行规程的，取消考核

行业：电力工程　　　　工种：水泵值班员　　　　等级：初/中

编　号	C54B039	行为领域	e	鉴定范围	6、4
考核时间	20min	题　型	B	题　分	30

试题正文	给水泵低油压试验
需要说明的问题和要求	1. 在仿真机上操作时，必须按仿真机的有关规定和要求进行操作 2. 现场就地操作演示，不得触动运行设备 3. 现场就地实际操作，必须请示有关领导同意，在认真监视下进行 4. 万一遇到生产事故，立即中止考核，退出现场 5. 由于操作引起的异常情况，立即中止操作，恢复原状
工具、材料、设备场地	1. 仿真机 2. 现场设备

	序号	项　目　名　称
评分标准	1	断开备用给水泵联动开关，拉掉试验水泵电源，调整油温保持 40±5℃
	2	投入辅助油泵，油压按本厂规程规定
	3	停用辅助油泵，合上给水泵操作开关，若给水泵拒启动，拉开给水泵操作开关
	4	启动辅助油泵，合上给水泵操作开关投入给水泵联动开关，投入低油压连锁开关
	5	关闭电接点油压表表阀
	6	停辅助油泵
	7	缓慢开启接点油压表表阀至电接点接通（按本厂规程规定），辅助油泵自启动，表盘发出声光信号，关闭油压表表阀，停辅助油泵
	8	缓慢开启接点油压表表阀至电接点接通（按本厂规程规定），给水泵跳闸，发出音响信号，断开操作开关，解除连锁开关
	9	试验结束，启动辅助油泵，开启电接点油压表表阀，调整定值，断开低油压连锁小开关
	10	联系电气送上给水泵电源，恢复正常备用
	11	试验结果记入运行日志，试验不合格的联系热工人员处理
	质量要求	1. 严格执行运行规程 2. 记录操作时间 3. 及时汇报
	得分或扣分	1. 操作顺序颠倒扣 1～4 分，如因操作颠倒导致无法继续操作，该题不得分 2. 操作漏项扣 1～4 分，如因漏项使操作必须重新开始，但不导致不良后果的，扣该题总分的 50%；如导致不良后果的，该题不得分 3. 每项操作后必须检查操作结果，再开始下一步操作；否则，扣 1～4 分 4. 因误操作使试验过程延误，但不造成不良后果的，扣该题总分的 50%；造成不良后果的，该题不得分 5. 每项操作结束后，应汇报、记录；否则，该题扣 1～4 分 6. 操作过程中违反安全及运行规程的，取消考核

行业：电力工程　　　　工种：水泵值班员　　　　等级：初/中

编　　号	C54B040	行为领域	e	鉴定范围	5
考核时间	20min	题　　型	B	题　　分	30
试题正文	给水泵油箱油位降低处理				

需要说明的问题和要求	1. 在仿真机上操作时，必须按仿真机的有关规定和要求进行操作 2. 现场就地操作演示，不得触动运行设备 3. 现场就地实际操作，必须请示有关领导同意，在认真监视下进行 4. 万一遇到生产事故，立即中止考核，退出现场 5. 由于操作引起的异常情况，立即中止操作，恢复原状
工具、材料、设备场地	1. 仿真机 2. 现场设备

评分标准		序号	项　目　名　称
		1	检查油箱实际油位是否正常，以判断油位计是否指示准确
		2	油箱油位下降 5～10mm 时，立即检查油系统外部有无漏油，排污门是否误开，对冷油器进行查漏，并加油至正常油位
		3	油箱油位突然下降至最低油位线以下时，立即切换备用泵运行
	质量要求		1. 严格执行运行规程及上级有关规定 2. 判断事故准确、快捷 3. 处理事故正确、果断 4. 不错项、漏项 5. 记录事故发生、结束时间 6. 及时汇报
	得分或扣分		1. 操作顺序颠倒扣 1～4 分，如因操作颠倒导致无法继续操作，该题不得分 2. 操作漏项扣 1～4 分，如因漏项使操作必须重新开始，但不导致不良后果的，扣该题总分的 50%；如导致不良后果的，该题不得分 3. 每项操作后必须检查操作结果，再开始下一步操作；否则，扣 1～4 分 4. 因误操作致使过程延误，但不造成不良后果的，扣该题总分的 50%；造成不良后果的，该题不得分 5. 每项操作结束后，应汇报、记录；否则，该题扣 1～4 分 6. 操作过程中违反安全及运行规程的，取消考核

行业：电力工程　　　　工种：水泵值班员　　　　等级：初/中

编　　号	C54B041	行为领域	e	鉴定范围	5
考核时间	20min	题　型	B	题　分	30

试题正文	给水泵油箱油位升高处理
需要说明的问题和要求	1. 在仿真机上操作时，必须按仿真机的有关规定和要求进行操作 2. 现场就地操作演示，不得触动运行设备 3. 现场就地实际操作，必须请示有关领导同意，在认真监视下进行 4. 万一遇到生产事故，立即中止考核，退出现场 5. 由于操作引起的异常情况，立即中止操作，恢复原状
工具、材料、设备场地	1. 仿真机 2. 现场设备

	序号	项　目　名　称
评分标准	1	检查油箱实际油位是否升高
	2	检查给水泵轴端密封是否冒水，密封水回水门开度是否正常，重力回水漏斗是否堵塞
	3	原因不明时，切换备用给水泵运行，停故障泵，关闭工作冷油器、润滑冷油器冷却水进、出口门，确定冷油器是否泄漏，为防止油质乳化，停辅助油泵，使水沉淀后放水
	4	打开油箱排污门放水，联系化学人员化验油质，油质不合格时，应联系检修换油，并作其他相应处理
	质量要求	1. 严格执行运行规程及上级有关规定 2. 判断事故准确、快捷 3. 处理事故正确、果断 4. 不错项、漏项 5. 记录事故发生、结束时间 6. 及时汇报
	得分或扣分	1. 操作顺序颠倒扣1～4分，如因操作颠倒导致无法继续操作，该题不得分 2. 操作漏项扣1～4分，如因漏项使操作必须重新开始，但不导致不良后果的，扣该题总分的50%；如导致不良后果的，该题不得分 3. 每项操作后必须检查操作结果，再开始下一步操作；否则，扣1～4分 4. 因误操作致使过程延误，但不造成不良后果的，扣该题总分的50%；造成不良后果的，该题不得分 5. 每项操作结束后，应汇报、记录；否则，该题扣1～4分 6. 操作过程中违反安全及运行规程的，取消考核

编　号	C54B042	行为领域	e	鉴定范围	5
考核时间	20min	题　型	B	题　分	30
试题正文	给水泵润滑油压下降原因及处理				
需要说明的问题和要求	1. 在仿真机上操作时，必须按仿真机的有关规定和要求进行操作 2. 现场就地操作演示，不得触动运行设备 3. 现场就地实际操作，必须请有关领导同意，在认真监视下进行 4. 万一遇到生产事故，立即中止考核，退出现场 5. 由于操作引起的异常情况，立即中止操作，恢复原状				
工具、材料、设备场地	1. 仿真机 2. 现场设备				

	序号	项　目　名　称
评分标准	1 1.1 1.2 1.3 1.4 1.5	原因 主油泵工作失常 油系统管路或冷油器泄漏 冷油器油侧滤网脏污或堵塞 油箱油位低 溢油阀动作不正常
	2 2.1 2.2 2.3 2.4 2.5 2.6	处理 发现润滑油压下降，低于 0.05MPa（按本厂规程规定）时，启动辅助油泵，保持油压正常，检查各轴承温度、回油是否正常；倾听主油泵声音；检查油系统及冷油器是否漏油。如辅助油泵启动后，油压低于0.05MPa 时，切换备用泵运行 油箱油位低时，立即补油 检查溢油阀，关闭溢油阀观察油压变化 主油泵故障时，立即切换备用泵运行 油质差时，通知滤油，若油滤网堵塞，联系抢修处理。必要时，切换备用泵运行 油压、油箱油位同时下降时，检查冷油器是否泄漏
	质量要求	1. 严格执行运行规程及上级有关规定 2. 判断事故准确、快捷 3. 处理事故正确、果断 4. 不错项、漏项 5. 记录事故发生、结束时间 6. 及时汇报
	得分或扣分	1. 操作顺序颠倒扣 1～4 分，如因操作颠倒导致无法继续操作，该题不得分 2. 操作漏项扣 1～4 分，如因漏项使操作必须重新开始，但不导致不良后果的，扣该题总分的 50%；如导致不良后果的，该题不得分 3. 每项操作后必须检查操作结果，再开始下一步操作；否则，扣 1～4 分 4. 因误操作致使过程延误，但不造成不良后果的，扣该题总分的50%；造成不良后果的，该题不得分 5. 每项操作结束后，应汇报、记录；否则，该题扣 1～4 分 6. 操作过程中违反安全及运行规程的，取消考核

行业：电力工程　　　　工种：水泵值班员　　　　等级：初/中

编　　号	C54B043	行为领域	e	鉴定范围	5
考核时间	20min	题　型	B	题　分	30
试题正文	给水泵轴承温度高的处理				

需要说明的问题和要求	1. 在仿真机上操作时，必须按仿真机的有关规定和要求进行操作 2. 现场就地操作演示，不得触动运行设备 3. 现场就地实际操作，必须请示有关领导同意，在认真监视下进行 4. 万一遇到生产事故，立即中止考核，退出现场 5. 由于操作引起的异常情况，立即中止操作，恢复原状
工具、材料、设备场地	1. 仿真机 2. 现场设备

评分标准		序号	项　目　名　称
		1	任何一道轴承温度升高至 65℃，采取措施后不能降低时，应切换备用泵运行
		2	任何一道轴承温度升高至 70℃ 以上时，应立即切换备用泵运行
		3	工作油排油温度至限值，经调正勺管开度，并开大工作冷油器冷却水门，无效时，应切换备用泵运行
	质量要求		1. 严格执行运行规程及上级有关规定 2. 判断事故准确、快捷 3. 处理事故正确、果断 4. 不错项、漏项 5. 记录事故发生、结束时间 6. 及时汇报
	得分或扣分		1. 操作顺序颠倒扣 1～4 分，如因操作颠倒导致无法继续操作，该题不得分 2. 操作漏项扣 1～4 分，如因漏项使操作必须重新开始，但不导致不良后果的，扣该题总分的 50%；如导致不良后果的，该题不得分 3. 每项操作后必须检查操作结果，再开始下一步操作；否则，扣 1～4 分 4. 因误操作致使过程延误，但不造成不良后果的，扣该题总分的 50%；造成不良后果的，该题不得分 5. 每项操作结束后，应汇报、记录；否则，该题扣 1～4 分 6. 操作过程中违反安全及运行规程的，取消考核

行业：电力工程　　　　工种：水泵值班员　　　　等级：初/中

编　　号	C54B044	行为领域	e	鉴定范围	5
考核时间	20min	题　型	B	题　分	30

试题正文	给水泵轴承工作不正常和轴承发热的原因及处理

需要说明的问题和要求	1. 在仿真机上操作时，必须按仿真机的有关规定和要求进行操作 2. 现场就地操作演示，不得触动运行设备 3. 现场就地实际操作，必须请示有关领导同意，在认真监视下进行 4. 万一遇到生产事故，立即中止考核，退出现场 5. 由于操作引起的异常情况，立即中止操作，恢复原状

工具、材料、设备场地	1. 仿真机 2. 现场设备

<table>
<tr><td rowspan="23">评
分
标
准</td><td colspan="2">序号</td><td>项　目　名　称</td></tr>
<tr><td colspan="2">1</td><td>原因</td></tr>
<tr><td colspan="2">1.1</td><td>冷油器工作失常</td></tr>
<tr><td colspan="2">1.2</td><td>油质差或油量不足</td></tr>
<tr><td colspan="2">1.3</td><td>水泵和电动机中心没对好</td></tr>
<tr><td colspan="2">1.4</td><td>轴瓦间隙太小</td></tr>
<tr><td colspan="2">2</td><td>处理</td></tr>
<tr><td colspan="2">2.1</td><td>查明原因，汇报班长</td></tr>
<tr><td colspan="2">2.2</td><td>检查冷油器出油温度，如油温过高，应及时调整冷油器冷却水</td></tr>
<tr><td colspan="2">2.3</td><td>检查油质、油位，如油乳化，应更换新油；如油位低，则补充新油至正常油位；油中带水时，通知滤油</td></tr>
<tr><td colspan="2">2.4</td><td>轴承油温升高到本厂规程规定限额值时，调整无效，调用备用泵</td></tr>
<tr><td colspan="2">2.5</td><td>因检修质量，停泵检修处理</td></tr>
<tr><td rowspan="6">质量
要求</td><td colspan="2">1. 严格执行运行规程及上级有关规定</td></tr>
<tr><td colspan="2">2. 判断事故准确、快捷</td></tr>
<tr><td colspan="2">3. 处理事故正确、果断</td></tr>
<tr><td colspan="2">4. 不错项、漏项</td></tr>
<tr><td colspan="2">5. 记录事故发生、结束时间</td></tr>
<tr><td colspan="2">6. 及时汇报</td></tr>
<tr><td rowspan="6">得分或
扣分</td><td colspan="2">1. 操作顺序颠倒扣1~4分，如因操作颠倒导致无法继续操作，该题不得分</td></tr>
<tr><td colspan="2">2. 操作漏项扣1~4分，如因漏项使操作必须重新开始，但不导致不良后果的，扣该题总分的50%；如导致不良后果的，该题不得分</td></tr>
<tr><td colspan="2">3. 每项操作后必须检查操作结果，再开始下一步操作；否则，扣1~4分</td></tr>
<tr><td colspan="2">4. 因误操作致使过程延误，但不造成不良后果的，扣该题总分的50%；造成不良后果的，该题不得分</td></tr>
<tr><td colspan="2">5. 每项操作结束后，应汇报、记录；否则，该题扣1~4分</td></tr>
<tr><td colspan="2">6. 操作过程中违反安全及运行规程的，取消考核</td></tr>
</table>

行业：电力工程　　　　工种：水泵值班员　　　　等级：初/中

编　　号	C54B045	行为领域	e	鉴定范围	5
考核时间	20min	题　　型	B	题　　分	30

试题正文	给水泵压力异常变化的原因及处理

需要说明的问题和要求	1. 在仿真机上操作时，必须按仿真机的有关规定和要求进行操作 2. 现场就地操作演示，不得触动运行设备 3. 现场就地实际操作，必须请示有关领导同意，在认真监视下进行 4. 万一遇到生产事故，立即中止考核，退出现场 5. 由于操作引起的异常情况，立即中止操作，恢复原状

工具、材料、设备场地	1. 仿真机 2. 现场设备

<table>
<tr><td rowspan="19">评分标准</td><td colspan="2">序号</td><td colspan="2">项　目　名　称</td></tr>
<tr><td colspan="2">1
1.1

1.2</td><td colspan="2">给水压力下降、电流增大的原因
锅炉调整不稳；上水量过多或锅炉泄漏；高压给水管道泄漏；放水门不严密或误开
并列运行中，其中一台给水泵不打水，保持不住正常水压</td></tr>
<tr><td colspan="2">2
2.1
2.2
2.3</td><td colspan="2">电流下降，出口压力升高原因
机组突然甩负荷，锅炉进水量减少
锅炉给水调整门失灵
锅炉停止进水</td></tr>
<tr><td colspan="2">3</td><td colspan="2">处理：按负荷情况停止一台给水泵运行（按正常停用进行操作）</td></tr>
<tr><td colspan="2">质量要求</td><td colspan="2">1. 严格执行运行规程及上级有关规定
2. 判断事故准确、快捷
3. 处理事故正确、果断
4. 不错项、漏项
5. 记录事故发生、结束时间
6. 及时汇报</td></tr>
<tr><td colspan="2">得分或扣分</td><td colspan="2">1. 操作顺序颠倒扣 1～4 分，如因操作颠倒导致无法继续操作，该题不得分
2. 操作漏项扣 1～4 分，如因漏项使操作必须重新开始，但不导致不良后果的，扣该题总分的 50%；如导致不良后果的，该题不得分
3. 每项操作后必须检查操作结果，再开始下一步操作；否则，扣 1～4 分
4. 因误操作使使过程延误，但不造成不良后果的，扣该题总分的 50%；造成不良后果的，该题不得分
5. 每项操作结束后，应汇报、记录；否则，该题扣 1～4 分
6. 操作过程中违反安全及运行规程的，取消考核</td></tr>
</table>

编　　号	C54B046	行为领域	e	鉴定范围	5
考核时间	10min	题　　型	B	题　　分	30
试题正文	运行中电动机着火的处理				
需要说明的问题和要求	1. 在仿真机上操作时，必须按仿真机的有关规定和要求进行操作 2. 现场就地操作演示，不得触动运行设备 3. 现场就地实际操作，必须请示有关领导同意，在认真监护下进行 4. 万一遇到生产事故，立即中止考核，退出现场 5. 由于操作引起的异常情况，立即中止操作，恢复原状				
工具、材料、设备场地	1. 仿真机 2. 现场设备				

评分标准		序号	项　目　名　称
		1 2 3	断开操作开关或按事故按钮 启动备用泵 联系电气切断电源后，进行灭火
	质量要求		1. 严格执行运行规程及上级有关规定 2. 判断事故准确、快捷 3. 处理事故正确、果断 4. 不错项、漏项 5. 记录事故发生、结束时间 6. 及时汇报
	得分或扣分		1. 操作顺序颠倒扣1～4分，如因操作颠倒导致无法继续操作，该题不得分 　2. 操作漏项扣1～4分，如因漏项使操作必须重新开始，但不导致不良后果的，扣该题总分的50%；如导致不良后果的，该题不得分 　3. 每项操作后必须检查操作结果，再开始下一步操作；否则，扣1～4分 　4. 因误操作致使过程延误，但不造成不良后果的，扣该题总分的50%；造成不良后果的，该题不得分 　5. 每项操作结束后，应汇报、记录；否则，该题扣1～4分 　6. 操作过程中违反安全及运行规程的，取消考核

行业：电力工程　　　　工种：水泵值班员　　　　等级：中/高

编　　号	C43B047	行为领域		e	鉴定范围	5
考核时间	20min	题　　型		B	题　　分	30
试题正文	水泵电动机电流超过额定值的原因及处理					
需要说明的问题和要求	1. 在仿真机上操作时，必须按仿真机的有关规定和要求进行操作 2. 现场就地操作演示，不得触动运行设备 3. 现场就地实际操作，必须请示有关领导同意，在认真监视下进行 4. 万一遇到生产事故，立即中止考核，退出现场 5. 由于操作引起的异常情况，立即中止操作，恢复原状					
工具、材料、设备场地	1. 仿真机 2. 现场设备					

评分标准		序号	项　目　名　称
		1 1.1 1.2 1.3 1.4 1.5 1.6 1.7	原因 水泵过负荷（流量大于额定值） 平衡盘磨损 密封部分卡死 轴承损坏 泵或电动机内部磨损 启动时出口门没关或未关严 电源电压低
		2 2.1 2.2 2.3 2.4	处理 检查水泵再循环是否严密，窜轴指示是否正常，如窜轴超过额定数值，立即停泵 属电气方面问题，联系电气人员处理 属机械部分问题，联系检修处理 启动备用泵或节流出口门
	质量要求		1. 严格执行运行规程及上级有关规定 2. 判断事故准确、快捷 3. 处理事故正确、果断 4. 不错项、漏项 5. 记录事故发生、结束时间 6. 及时汇报
	得分或扣分		1. 操作顺序颠倒扣1～4分，如因操作颠倒导致无法继续操作，该题不得分 　2. 操作漏项扣1～4分，如因漏项使操作必须重新开始，但不导致不良后果的，扣该题总分的50%；如导致不良后果的，该题不得分 　3. 每项操作后必须检查操作结果，再开始下一步操作；否则，扣1～4分 　4. 因误操作致使过程延误，但不造成不良后果的，扣该题总分的50%；造成不良后果的，该题不得分 　5. 每项操作结束后，应汇报、记录；否则，该题扣1～4分 　6. 操作过程中违反安全及运行规程的，取消考核

246

行业：电力工程　　　　工种：水泵值班员　　　　等级：中/高

编　　号	C43B048	行为领域	e	鉴定范围	5
考核时间	20min	题　　型	B	题　　分	30

试题正文	给水泵汽化的象征及处理

需要说明的问题和要求	1. 在仿真机上操作时，必须按仿真机的有关规定和要求进行操作 2. 现场就地操作演示，不得触动运行设备 3. 现场就地实际操作，必须请示有关领导同意，在认真监视下进行 4. 万一遇到生产事故，立即中止考核，退出现场 5. 由于操作引起的异常情况，立即中止操作，恢复原状

工具、材料、设备场地	1. 仿真机 2. 现场设备

	序号	项　目　名　称
评 分 标 准	1 1.1 1.2 1.3 1.4	象征 给水泵出口压力显著下降并摆动 给水泵电动机电流显著下降并摆动 泵内有明显的冲击噪声，振动增大 给水泵流量、入口压力及平衡盘压力剧烈摆动
	2 2.1 2.2 2.3 2.4 2.5 2.6 2.7	处理 如轻微汽化，检查再循环门是否开启；如没开，应及时开启 平衡盘泄水门是否没开或开度小，全开泄水门 如除氧器压力、水位下降造成汽化，调整至正常，如水位到零，禁止启动备用泵 如采取上述措施无效，立即启动备用泵，停用汽化泵 严重汽化时，立即停用汽化泵 给水泵因汽化停泵后，如惰走时间正常，可再次启动或作备用 报告班长，做好记录
	质量 要求	1. 严格执行运行规程及上级有关规定 2. 判断事故准确、快捷 3. 处理事故正确、果断 4. 不错项、漏项 5. 记录事故发生、结束时间 6. 及时汇报
	得分或 扣分	1. 操作顺序颠倒扣1～4分，如因操作颠倒导致无法继续操作，该题不得分 2. 操作漏项扣1～4分，如因漏项使操作必须重新开始，但不导致不良后果的，扣该题总分的50%；如导致不良后果的，该题不得分 3. 每项操作后必须检查操作结果，再开始下一步操作；否则，扣1～4分 4. 因误操作致使过程延误，但不造成不良后果的，扣该题总分的50%；造成不良后果的，该题不得分 5. 每项操作结束后，应汇报、记录；否则，该题扣1～4分 6. 操作过程中违反安全及运行规程的，取消考核

行业：电力工程　　　　工种：水泵值班员　　　　等级：中/高

编　　号	C43B049	行为领域	e	鉴定范围	5
考核时间	15min	题　型	B	题　　分	30

试题正文	厂用电中断的现象及处理
需要说明的 问题和要求	1. 在仿真机上操作时，必须按仿真机的有关规定和要求进行操作 2. 现场就地操作演示，不得触动运行设备 3. 现场就地实际操作，必须请示有关领导同意，在认真监视下进行 4. 万一遇到生产事故，立即中止考核，退出现场 5. 由于操作引起的异常情况，立即中止操作，恢复原状
工具、材料、 设备场地	1. 仿真机 2. 现场设备

评分标准		序号	项　目　名　称
		1 1.1 1.2 1.3	现象 电动机、水泵声音突变，交流照明熄灭，事故照明亮 表记指示到零，阀门开关指示灯灭 运行泵跳闸绿灯闪光，备用泵不联动，事故喇叭叫
		2 2.1 2.2 2.3	处理 确认厂用电中断，断开各运行泵操作开关、各泵连锁开关、低水压连锁开关，报告班长，通知锅炉 全面检查设备、系统，待厂用电恢复后，立即启动辅助油泵，启动给水泵及各泵 报告班长，通知锅炉
	质量 要求		1. 严格执行运行规程及上级有关规定 2. 判断事故准确、快捷 3. 处理事故正确、果断 4. 不错项、漏项 5. 记录事故发生、结束时间 6. 及时汇报
	得分或 扣分		1. 操作顺序颠倒扣1～4分，如因操作颠倒导致无法继续操作，该题不得分 　2. 操作漏项扣1～4分，如因漏项使操作必须重新开始，但不导致不良后果的，扣该题总分的50%；如导致不良后果的，该题不得分 　3. 每项操作后必须检查操作结果，再开始下一步操作；否则，扣1～4分 　4. 因误操作致使过程延误，但不造成不良后果的，扣该题总分的50%；造成不良后果的，该题不得分 　5. 每项操作结束后，应汇报、记录；否则，该题扣1～4分 　6. 操作过程中违反安全及运行规程的，取消考核

行业：电力工程　　　　工种：水泵值班员　　　　等级：中/高

编　　　号	C43B050	行为领域	e	鉴定范围	6、4
考核时间	20min	题　　型	B	题　　分	30
试题正文	汽动给水泵润滑油泵低油压联动试验				
需要说明的问题和要求	1. 在仿真机上操作时，必须按仿真机的有关规定和要求进行操作 2. 现场就地操作演示，不得触动运行设备 3. 现场就地实际操作，必须请示有关领导同意，在认真监视下进行 4. 万一遇到生产事故，立即中止考核，退出现场 5. 由于操作引起的异常情况，立即中止操作，恢复原状				
工具、材料、设备场地	1. 仿真机 2. 现场设备				

评分标准		序号	项　目　名　称
		1	确认运行油泵及备用泵运行正常，备用泵连锁投入
		2	关闭试验进油门
		3	缓慢开启试验放油门，当油压缓慢下降至联动值时，备用油泵联动，运转及油压正常
		4	关闭试验放油门
		5	开足试验进油门，油压试验模块上压力表指示正常，注意运行油泵正常
		6	停用联动油泵
	质量要求		1. 严格执行运行规程及上级有关规定 2. 判断事故准确、快捷 3. 处理事故正确、果断 4. 不错项、漏项 5. 记录事故发生、结束时间 6. 及时汇报
	得分或扣分		1. 操作顺序颠倒扣1～4分，如因操作颠倒导致无法继续操作，该题不得分 　2. 操作漏项扣1～4分，如因漏项使操作必须重新开始，但不导致不良后果的，扣该题总分的50%；如导致不良后果的，该题不得分 　3. 每项操作后必须检查操作结果，再开始下一步操作；否则，扣1～4分 　4. 因误操作致使过程延误，但不造成不良后果的，扣该题总分的50%；造成不良后果的，该题不得分 　5. 每项操作结束后，应汇报、记录；否则，该题扣1～4分 　6. 操作过程中违反安全及运行规程的，取消考核

编　号	C43B051	行为领域	e	鉴定范围	6、4
考核时间	15min	题　型	B	题　分	30

试题正文	汽动给水泵润滑油泵定期倒换
需要说明的问题和要求	1. 在仿真机上操作时，必须按仿真机的有关规定和要求进行操作 2. 现场就地操作演示，不得触动运行设备 3. 现场就地实际操作，必须请示有关领导同意，在认真监视下进行 4. 万一遇到生产事故，立即中止考核，退出现场 5. 由于操作引起的异常情况，立即中止操作，恢复原状
工具、材料、设备场地	1. 仿真机 2. 现场设备

评分标准		序号	项　目　名　称
		1	确认运行油泵运行正常，备用泵连锁投入
		2	要求巡检人员就地检查系统无泄漏，压力表指示正常
		3	询问巡检检查是否正常后，通知巡检人员要启动备用润滑油泵
		4	启动备用润滑油泵，检查备用润滑油泵电流是否达到运行电流
		5	检查润滑油母管压力是否有明显升高，同时要求巡检人员汇报就地备用泵压力和润滑油母管压力
		6	停用联动油泵
	质量要求		1. 严格执行运行规程及上级有关规定 2. 操作前要求写出操作票 3. 操作过程中与巡检人员联系，命令应明确、设备名称应准确 4. 判断事故准确、快捷 5. 处理事故正确、果断 6. 不错项、漏项 7. 记录事故发生、结束时间
	得分或扣分		1. 操作顺序颠倒扣1～4分，如因操作颠倒导致无法继续操作，该题不得分 2. 操作漏项扣1～4分，如因漏项使操作必须重新开始，但不导致不良后果的，扣该题总分的50%；如导致不良后果的，该题不得分 3. 每项操作后必须检查操作结果，再开始下一步操作；否则，扣1～4分 4. 因误操作致使过程延误，但不造成不良后果的，扣该题总分的50%；造成不良后果的，该题不得分 5. 每项操作结束后，应汇报、记录；否则，该题扣1～4分 6. 操作过程中违反安全及运行规程的，取消考核

编　　号	C43B052	行为领域		e	鉴定范围	6、4
考核时间	30min	题　　型		B	题　　分	30
试题正文	给水泵液力耦合器油温升高的处理					
需要说明的问题和要求	1. 在仿真机上操作时，必须按仿真机的有关规定和要求进行操作 2. 现场就地操作演示，不得触动运行设备 3. 现场就地实际操作，必须请示有关领导同意，在认真监视下进行 4. 万一遇到生产事故，立即中止考核，退出现场 5. 由于操作引起的异常情况，立即中止操作，恢复原状					
工具、材料、设备场地	1. 仿真机 2. 现场设备					

评分标准		序号	项　目　名　称
		1	发现运行给水泵液力耦合器油温升高
		2	要求巡检人员迅速到就地检查就地油温指示
		3	检查冷油器进出口油温是否在规程范围
		4	调整冷油器冷却水量
		5	假设油温依然上升，通知单元长，准备倒泵
		6	要求巡检人员检查备用给水泵
		7	检查备用给水泵状态（润滑油温、油压等），确认入口门、再循环阀门全开，勺管位置放在手动最小位置
		8	关闭备用给水泵出口门
		9	巡检检查正常后，通知巡检人员，单元长后，启动备用给水泵
		10	开启出口门，逐步提高转速，当流量达到规定值后，检查再循环门应自动关闭，将勺管投入自动
		11	检查备用泵运转正常，停原给水泵
		12	通知检修处理，同时填写缺陷票
	质量要求		1. 严格执行运行规程及上级有关规定 2. 判断事故准确、快捷 3. 处理事故正确、果断 4. 不错项、漏项 5. 记录事故发生、结束时间 6. 及时汇报
	得分或扣分		1. 操作顺序颠倒扣1～4分，如因操作颠倒导致无法继续操作，该题不得分 2. 操作漏项扣1～4分，如因漏项操作必须重新开始，但不导致不良后果的，扣该题总分的50%；如导致不良后果的，该题不得分 3. 每项操作后必须检查操作结果，再开始下一步操作；否则，扣1～4分 4. 因误操作致使过程延误，但不造成不良后果的，扣该题总分的50%；造成不良后果的，该题不得分 5. 每项操作结束后，应汇报、记录；否则，该题扣1～4分 6. 操作过程中违反安全及运行规程的，取消考核

编　号	C43B053	行为领域	e	鉴定范围	6、4
考核时间	20min	题　型	B	题　分	30
试题正文	立式凝结水泵推力瓦温度升高的处理				
需要说明的问题和要求	1. 在仿真机上操作时，必须按仿真机的有关规定和要求进行操作 2. 现场就地操作演示，不得触动运行设备 3. 现场就地实际操作，必须请示有关领导同意，在认真监视下进行 4. 万一遇到生产事故，立即中止考核，退出现场 5. 由于操作引起的异常情况，立即中止操作，恢复原状				
工具、材料、设备场地	1. 仿真机 2. 现场设备				

评分标准	序号	项　目　名　称
	1	DCS上检查发现运行凝结水泵
	2	调出推力瓦温度曲线，确认温升速度
	3	检查备用凝结水泵状态，确认连锁投入
	4	要求巡检检查运行凝结水泵和备用凝结水泵
	5	检查发现凝结水泵润滑油浑浊，通知单元长倒凝结水泵
	6	关闭备用凝结水泵出口门，检查进口门在开启位置
	7	通知就地检查备用凝结水泵空气门、冷却水门、机械密封水门都在开启位置，润滑油位正常
	8	通知巡检、单元长启动备用凝结水泵
	9	确认凝结水泵出口门联动打开，凝结水泵电流正常，就地检查正常
	10	停止原凝结水泵运行
	11	通知检修处理，同时填写缺陷票
	质量要求	1. 严格执行运行规程及上级有关规定 2. 判断事故准确、快捷 3. 处理事故正确、果断 4. 不错项、漏项 5. 记录事故发生、结束时间 6. 及时汇报
	得分或扣分	1. 操作顺序颠倒扣1~4分，如因操作颠倒导致无法继续操作，该题不得分 2. 操作漏项扣1~4分，如因漏项使操作必须重新开始，但不导致不良后果的，扣该题总分的50%；如导致不良后果的，该题不得分 3. 每项操作后必须检查操作结果，再开始下一步操作；否则，扣1~4分 4. 因误操作致使过程延误，但不造成不良后果的，扣该题总分的50%；造成不良后果的，该题不得分 5. 每项操作结束后，应汇报、记录；否则，该题扣1~4分 6. 操作过程中违反安全及运行规程的，取消考核

行业：电力工程　　　　工种：水泵值班员　　　　等级：中/高

编　号	C43B054	行为领域	e	鉴定范围	6、4
考核时间	20min	题　型	B	题　分	30
试题正文	离心水泵振动逐渐增大的处理				
需要说明的问题和要求	1. 在仿真机上操作时，必须按仿真机的有关规定和要求进行操作 2. 现场就地操作演示，不得触动运行设备 3. 现场就地实际操作，必须请示有关领导同意，在认真监视下进行 4. 万一遇到生产事故，立即中止考核，退出现场 5. 由于操作引起的异常情况，立即中止操作，恢复原状				
工具、材料、设备场地	1. 仿真机 2. 现场设备				

评分标准	序号	项　目　名　称				
	1	就地检查离心泵发现振动有一定增加				
	2	用便携式测振仪检查轴承振动值，检查发现超过规程要求				
	3	检查轴承温度、用听音棒听轴承声音是否异常				
	4	检查备用泵情况，做好倒泵准备				
	5	通知点检人员、检修人员到现场检查，检修人员要求停泵处理				
	6	关闭备用泵出口门，打开泵体空气门，确认泵体充满水后，关闭空气门				
	7	启动备用泵，同时打开出口门				
	8	备用泵运行起来后检查电流正常，就地无异常				
	9	停止原离心泵运行				
	质量要求	1. 严格执行运行规程及上级有关规定 2. 判断事故准确、快捷 3. 处理事故正确、果断 4. 不错项、漏项 5. 记录事故发生、结束时间 6. 及时汇报				
	得分或扣分	1. 操作顺序颠倒扣1~4分，如因操作颠倒导致无法继续操作，该题不得分 2. 操作漏项扣1~4分，如因漏项使操作必须重新开始，但不导致不良后果的，扣该题总分的50%；如导致不良后果的，该题不得分 3. 每项操作后必须检查操作结果，再开始下一步操作；否则，扣1~4分 4. 因误操作致使过程延误，但不造成不良后果的，扣该题总分的50%；造成不良后果的，该题不得分 5. 每项操作结束后，应汇报、记录；否则，该题扣1~4分 6. 操作过程中违反安全及运行规程的，取消考核				

编　　号	C43B055	行为领域	e	鉴定范围	6、4
考核时间	20min	题　　型	B	题　　分	30
试题正文	循环水系统启动				
需要说明的问题和要求	1. 在仿真机上操作时，必须按仿真机的有关规定和要求进行操作 2. 现场就地操作演示，不得触动运行设备 3. 现场就地实际操作，必须请示有关领导同意，在认真监视下进行 4. 万一遇到生产事故，立即中止考核，退出现场 5. 由于操作引起的异常情况，立即中止操作，恢复原状				
工具、材料、设备场地	1. 仿真机 2. 现场设备				

评分标准		序号	项　目　名　称
评分标准		1	向水塔补水至高水位
评分标准		2	开启凝汽器进水门、凝汽器出水门、凝汽器空气门
评分标准		3	检查关闭循环水系统所有放水门
评分标准		4	开启循环水泵出口门向凝汽器进水母管充水赶空气
评分标准		5	开启凝汽器至水塔回水门及旁路门向凝汽器回水母管充水赶空气
评分标准		6	检查确认循环水系统充水正常后关闭 1、2 号循环水泵出口门及回水旁路门
评分标准		7	检查循环水泵冷却水投入、油位正常
评分标准		8	检查确认 DCS 画面上允许启动条件满足
评分标准		9	检查确认 DCS 画面上无跳闸条件出现
评分标准		10	在 DCS 画面上点击循环水泵顺控"启动"按钮，出口门自开
评分标准		11	检查确认循环水泵运行正常、出口门全开
评分标准		12	检查确认系统无泄漏、冲击，凝汽器放空气管流水后关闭
评分标准	质量要求		1. 严格执行运行规程及上级有关规定 2. 判断事故准确、快捷 3. 处理事故正确、果断 4. 不错项、漏项 5. 记录事故发生、结束时间 6. 及时汇报
评分标准	得分或扣分		1. 操作顺序颠倒扣 1～4 分，如因操作颠倒导致无法继续操作，该题不得分 2. 操作漏项扣 1～4 分，如因漏项使操作必须重新开始，但不导致不良后果的，扣该题总分的 50%；如导致不良后果的，该题不得分 3. 每项操作后必须检查操作结果，再开始下一步操作；否则，扣 1～4 分 4. 因误操作致使过程延误，但不造成不良后果的，扣该题总分的 50%；造成不良后果的，该题不得分 5. 每项操作结束后，应汇报、记录；否则，该题扣 1～4 分 6. 操作过程中违反安全及运行规程的，取消考核

4.2.3 综合操作

行业：电力工程　　　　工种：水泵值班员　　　　等级：中/高

编　号	C43C056	行为领域	e	鉴定范围	1
考核时间	20min	题　型	C	题　分	50
试题正文	汽动给水泵启动操作				
需要说明的问题和要求	1. 在仿真机上操作时，必须按仿真机的有关规定和要求进行操作 2. 现场就地操作演示，不得触动运行设备 3. 现场就地实际操作，必须请示有关领导同意，在认真监视下进行 4. 万一遇到生产事故，立即中止考核，退出现场 5. 由于操作引起的异常情况，立即中止操作，恢复原状				
工具、材料、设备场地	1. 仿真机 2. 现场设备				

	序号	项　目　名　称
评分标准	1	准备工作（汽动给水泵各系统已按要求投用）
	1.1	油系统投用，启动交流油泵，校验互相自启动正常，检查给水泵汽轮机 EH 油系统压力正常
	1.2	给水系统投用，开启进水阀、再循环阀及前后截门，出口阀关闭
	1.3	密封水、冷却水系统正常投入
	1.4	启动前置泵
	1.5	投用盘车（或按本厂规程）
	1.6	主机负荷在 100MW 以上（或按本厂规程）
	2	启动
	2.1	向轴封送汽，开启排汽蝶阀，给水泵汽轮机抽真空，注意监视主机真空变化
	2.2	开启给水泵汽轮机进汽管道疏水门，给水泵汽轮机进汽管道暖管
	2.3	给水泵汽轮机挂闸，检查给水泵汽轮机主汽门开启正常
	2.4	在 DEH 操作面板上或就地冲转，升速率为 100r/min，转速至 600r/min 打闸摩擦检查后重新冲转至 600r/min，低速暖机 25min（或按本厂规程规定）
	2.5	低速暖机结束，升速至 1800r/min 暖机，升速率为 200r/min，暖机 25min
	2.6	高速暖机结束，升速至 3000r/min，关闭疏水，升速率为 250r/min；根据需要开启出口阀并入系统，保持压力、水位正常
	2.7	主机负荷 180MW（或按本厂规程规定），按相同方法投用第二台汽动给水泵，并入系统，保持压力、水位正常，正常后停用电动给水泵备用

序号	项 目 名 称
质量 要求	1. 严格执行运行规程 2. 记录操作时间 3. 及时汇报

评
分
标
准
得分或
扣分
	1. 操作顺序颠倒扣 1～4 分，如因操作颠倒导致无法继续操作，该题不得分；准备工作和启动工作颠倒，该题不得分
	
	  2. 操作漏项扣 1～4 分，如因漏项使操作必须重新开始，但不导致不良后果的，扣该题总分的 50%；如导致不良后果的，该题不得分
	
	  3. 每项操作后必须检查操作结果，再开始下一步操作；否则，扣 1～4 分
	
	  4. 因误操作致使过程延误，但不造成不良后果的，扣该题总分的 50%；造成不良后果的，该题不得分
	
	  5. 每项操作结束后，应汇报、记录；否则，该题扣 1～4 分
	
	  6. 操作过程中违反安全及运行规程的，取消考核

行业：电力工程　　　　工种：水泵值班员　　　　等级：中/高

编　号	C43C057	行为领域	e	鉴定范围	2
考核时间	20min	题　型	C	题　分	50

试题正文	汽动给水泵停用操作

需要说明的问题和要求	1. 在仿真机上操作时，必须按仿真机的有关规定和要求进行操作 2. 现场就地操作演示，不得触动运行设备 3. 现场就地实际操作，必须请示有关领导同意，在认真监视下进行 4. 万一遇到生产事故，立即中止考核，退出现场 5. 由于操作引起的异常情况，立即中止操作，恢复原状

工具、材料、设备场地	1. 仿真机 2. 现场设备

评分标准	序号	项　目　名　称
	1	主机负荷降到 180MW（或按本厂规程规定），停用一台汽动给水泵
	2	启动电动给水泵，一台汽动给水泵逐步退出系统，保持给水压力和水位稳定
	3	给水流量小于最小流量时，注意检查再循环阀开启，关闭出水阀，关闭给水泵中间抽头阀
	4	转速为 3000r/min，手动遥控或就地跳闸，检查高、低压主汽门及调门关闭
	5	转速到零，投用盘车（或按本厂规程规定）
	6	关闭排汽蝶阀，真空到零后停止轴封供汽
	7	主机负荷 120MW（或按本厂规程规定），按相同方法停用另一台汽动给水泵，保持给水压力和水位稳定
	8	停用前置泵，8h 后停运交流油泵
	质量要求	1. 严格执行运行规程 2. 记录操作时间 3. 及时汇报
	得分或扣分	1. 操作顺序颠倒扣 1～4 分，如因操作颠倒导致无法继续操作，该题不得分；主要操作顺序颠倒，该题不得分 2. 操作漏项扣 1～4 分，如因漏项使操作必须重新开始，但不导致不良后果的，扣该题总分的 50%；如导致不良后果的，该题不得分 3. 每项操作后必须检查操作结果，再开始下一步操作；否则，扣 1～4 分 4. 因误操作致使过程延误，但不造成不良后果的，扣该题总分的 50%；造成不良后果的，该题不得分 5. 每项操作结束后，应汇报、记录；否则，该题扣 1～4 分 6. 操作过程中违反安全及运行规程的，取消考核

行业：电力工程　　　　工种：水泵值班员　　　　等级：中/高

编　　号	C43C058	行为领域	e	鉴定范围	2
考核时间	20min	题　型	C	题　分	50

试题正文	汽动给水泵停用隔离操作

需要说明的问题和要求	1. 在仿真机上操作时，必须按仿真机的有关规定和要求进行操作 2. 现场就地操作演示，不得触动运行设备 3. 现场就地实际操作，必须请示有关领导同意，在认真监视下进行 4. 万一遇到生产事故，立即中止考核，退出现场 5. 由于操作引起的异常情况，立即中止操作，恢复原状

工具、材料、设备场地	1. 仿真机 2. 现场设备

<table>
<tr><td rowspan="3">评
分
标
准</td><td colspan="2">序号</td><td colspan="2">项　目　名　称</td></tr>
<tr><td colspan="2">1
2
3
4
5
6
7

8
9
10</td><td colspan="2">确认所要隔绝的给水泵及前置泵已停用
关闭给水泵出口门
关闭给水泵中间抽头
关闭加药门
关闭暖泵门
关闭给水泵及前置泵再循环手动隔离门
关闭前置泵进水门，在关闭前，应开启泵体放水门或给水泵进、出口管放水门，注意泵内压力应下降，如压力上升，应停止关进水门，检查其他压力水源阀门是否关紧，待查明原因并消除后，方可关闭进水门
开启有关放水门
有关电动阀门拉电
视工作情况需要停用油系统并对油泵拉电</td></tr>
<tr><td colspan="2">质量要求</td><td colspan="2">1. 严格执行运行规程
2. 记录操作时间
3. 及时汇报</td></tr>
<tr><td></td><td>得分或扣分</td><td colspan="3">1. 操作顺序颠倒扣1～4分，如因操作颠倒导致无法继续操作，该题不得分
2. 操作漏项扣1～4分，如因漏项使操作必须重新开始，但不导致不良后果的，扣该题总分的50%；如导致不良后果的，该题不得分
3. 每项操作后必须检查操作结果，再开始下一步操作；否则，扣1～4分
4. 因误操作致使过程延误，但不造成不良后果的，扣该题总分的50%；造成不良后果的，该题不得分
5. 每项操作结束后，应汇报、记录；否则，该题扣1～4分
6. 操作过程中违反安全及运行规程的，取消考核</td></tr>
</table>

行业：电力工程　　　　工种：水泵值班员　　　　等级：中/高

编　　号	C43C059	行为领域	e	鉴定范围	5
考核时间	20min	题　型	C	题　分	50
试题正文	给水泵和电动机发生振动的原因及处理				
需要说明的问题和要求	1. 在仿真机上操作时，必须按仿真机的有关规定和要求进行操作 2. 现场就地操作演示，不得触动运行设备 3. 现场就地实际操作，必须请示有关领导同意，在认真监视下进行 4. 万一遇到生产事故，立即中止考核，退出现场 5. 由于操作引起的异常情况，立即中止操作，恢复原状				
工具、材料、设备场地	1. 仿真机 2. 现场设备				

	序号	项　目　名　称
评分标准	1 1.1 1.2 1.3 1.4 1.5 1.6 1.7 1.8	原因 润滑油压、油温变化大，使油膜不稳定 泵内部动、静部分发生摩擦 泵发生汽化 泵或电动机转子不平衡 联轴器中心不正 暖泵不均，造成转子弯曲 地脚螺栓松脱 平衡盘磨损
	2 2.1 2.2 2.3 2.4	处理 当泵或电动机突然发生强烈振动或清晰地听到泵内或电动机内有金属摩擦声时，紧急故障停泵 泵和电动机各轴承振动超过 0.05mm 时，应汇报分析，设法消除；当发现内部故障象征或振动突然增大超过 0.05mm 时，紧急故障停泵 因润滑油压、油温变化引起的，调整稳定润滑油压或油温 因机械问题引起的，联系检修处理
	质量要求	1. 严格执行运行规程及上级有关规定 2. 判断事故准确、快捷 3. 处理事故正确、果断 4. 不错项、漏项 5. 记录事故发生、结束时间 6. 及时汇报
	得分或扣分	1. 操作顺序颠倒扣 1～4 分，如因操作颠倒导致无法继续操作，该题不得分 2. 操作漏项扣 1～4 分，如因漏项使操作必须重新开始，但不导致不良后果的，扣该题总分的 50%；如导致不良后果的，该题不得分 3. 每项操作后必须检查操作结果，再开始下一步操作；否则，扣 1～4 分 4. 因误操作使使过程延误，但不造成不良后果的，扣该题总分的 50%；造成不良后果的，该题不得分 5. 每项操作结束后，应汇报、记录；否则，该题扣 1～4 分 6. 操作过程中违反安全及运行规程的，取消考核

编　　号	C43C060	行为领域	e	鉴定范围	2
考核时间	20min	题　型	C	题　分	50
试题正文	给水泵平衡盘磨损的象征及处理				
需要说明的问题和要求	1. 在仿真机上操作时，必须按仿真机的有关规定和要求进行操作 2. 现场就地操作演示，不得触动运行设备 3. 现场就地实际操作，必须请示有关领导同意，在认真监视下进行 4. 万一遇到生产事故，立即中止考核，退出现场 5. 由于操作引起的异常情况，立即中止操作，恢复原状				
工具、材料、设备场地	1. 仿真机 2. 现场设备				

	序号	项　目　名　称
	1 1.1 1.2 1.3	象征 电流增大并变化 平衡盘压力比给水泵进口压力大 0.2MPa 以上，轴向位移增大 严重时泵内发出金属摩擦声，密封装置冒烟或冒火
	2 2.1 2.2	处理 立即启动备用给水泵，停运故障泵 如无备用泵，应联系电气降负荷，报告班长、值长
评分标准	质量要求	1. 严格执行运行规程及上级有关规定 2. 判断事故准确、快捷 3. 处理事故正确、果断 4. 不错项、漏项 5. 记录事故发生、结束时间 6. 及时汇报
	得分或扣分	1. 操作顺序颠倒扣 1～4 分，如因操作颠倒导致无法继续操作，该题不得分 2. 操作漏项扣 1～4 分，如因漏项使操作必须重新开始，但不导致不良后果的，扣该题总分的 50%；如导致不良后果的，该题不得分 3. 每项操作后必须检查操作结果，再开始下一步操作；否则，扣 1～4 分 4. 因误操作致使过程延误，但不造成不良后果的，扣该题总分的 50%；造成不良后果的，该题不得分 5. 每项操作结束后，应汇报、记录；否则，该题扣 1～4 分 6. 操作过程中违反安全及运行规程的，取消考核

编　　号	C43C061	行为领域	e	鉴定范围	5
考核时间	20min	题　　型	C	题　　分	50
试题正文	调速给水泵自动跳闸的象征及处理				
需要说明的问题和要求	1. 在仿真机上操作时，必须按仿真机的有关规定和要求进行操作 2. 现场就地操作演示，不得触动运行设备 3. 现场就地实际操作，必须请示有关领导同意，在认真监视下进行 4. 万一遇到生产事故，立即中止考核，退出现场 5. 由于操作引起的异常情况，立即中止操作，恢复原状				
工具、材料、设备场地	1. 仿真机 2. 现场设备				

	序号	项　目　名　称
评 分 标 准	1 1.1 1.2 1.3 1.4	象征 电流指示到零，报警铃响 备用泵自启动 闪光报警，跳闸泵绿灯闪光 给水流量、压力瞬时下降
	2 2.1 2.2 2.3 2.4 2.5	处理 立即启动跳闸泵的辅助油泵，复置备用泵及跳闸泵开关；调整密封水压后，解除跳闸连锁，将运行泵连锁放在工作位置，检查运行给水泵电流、出口压力、流量是否正常，注意跳闸泵应不倒转 如备用泵不能自启动时，应立即手动开启 若无备用泵，跳闸泵无明显故障，保护未翻牌，就地宏观无问题，可试开一次，无效后报告班长，把负荷降至一台泵运行时对应的负荷 迅速查清跳闸泵有无重大故障，根据不同原因，通知有关人员处理 做好详细记录，保护误动或人为的误操作跳闸时，也应在处理完毕后，立即报告班长，做好记录
	质量要求	1. 严格执行运行规程及上级有关规定 2. 判断事故准确、快捷 3. 处理事故正确、果断 4. 不错项、漏项 5. 记录事故发生、结束时间 6. 及时汇报
	得分或扣分	1. 操作顺序颠倒扣1～4分，如因操作颠倒导致无法继续操作，该题不得分 2. 操作漏项扣1～4分，如因漏项使操作必须重新开始，但不导致不良后果的，扣该题总分的50%；如导致不良后果的，该题不得分 3. 每项操作后必须检查操作结果，再开始下一步操作；否则，扣1～4分 4. 因误操作致使过程延误，但不造成不良后果的，扣该题总分的50%；造成不良后果的，该题不得分 5. 每项操作结束后，应汇报、记录；否则，该题扣1～4分 6. 操作过程中违反安全及运行规程的，取消考核

行业：电力工程　　　　工种：水泵值班员　　　　等级：中/高

编　　号	C43C062	行为领域	e	鉴定范围	5
考核时间	20min	题　　型	C	题　　分	50
试题正文	运行中泵和电动机异常振动的原因和处理				
需要说明的问题和要求	1. 在仿真机上操作时，必须按仿真机的有关规定和要求进行操作 2. 现场就地操作演示，不得触动运行设备 3. 现场就地实际操作，必须请示有关领导同意，在认真监视下进行 4. 万一遇到生产事故，立即中止考核，退出现场 5. 由于操作引起的异常情况，立即中止操作，恢复原状				
工具、材料、设备场地	1. 仿真机 2. 现场设备				

评分标准	序号	项　目　名　称
	1 1.1 1.2 1.3 1.4 1.5 1.6 1.7	原因 联轴器不同心 轴承损坏 轴弯曲、转子不平衡 联轴器连接不良 地脚螺栓松动或基础不牢固 转动部分松动 电动机故障
	2 2.1 2.2 2.3 2.4 2.5 2.6 2.7	处理 停用后，重新找正 停用后，更换轴承 直轴，消除不平衡 停用后，检查处理连接 紧固螺栓或加固基础 停用后，检修松动部件 停用后，修理或调换电动机
	质量要求	1. 严格执行运行规程及上级有关规定 2. 判断事故准确、快捷 3. 处理事故正确、果断 4. 不错项、漏项 5. 记录事故发生、结束时间 6. 及时汇报
	得分或扣分	1. 操作顺序颠倒扣1～4分，如因操作颠倒导致无法继续操作，该题不得分 2. 操作漏项扣1～4分，如因漏项使操作必须重新开始，但不导致不良后果的，扣该题总分的50%；如导致不良后果的，该题不得分 3. 每项操作后必须检查操作结果，再开始下一步操作；否则，扣1～4分 4. 因误操作致使过程延误，但不造成不良后果的，扣该题总分的50%；造成不良后果的，该题不得分 5. 每项操作结束后，应汇报、记录；否则，该题扣1～4分 6. 操作过程中违反安全及运行规程的，取消考核

行业：电力工程　　　　工种：水泵值班员　　　　等级：中/高

编　　号	C43C063	行为领域	e	鉴定范围	5
考核时间	20min	题　　型	C	题　　分	50
试题正文	正常运行中水泵跳闸的处理				
需要说明的问题和要求	1. 在仿真机上操作时，必须按仿真机的有关规定和要求进行操作 2. 现场就地操作演示，不得触动运行设备 3. 现场就地实际操作，必须请示有关领导同意，在认真监视下进行 4. 万一遇到生产事故，立即中止考核，退出现场 5. 由于操作引起的异常情况，立即中止操作，恢复原状				
工具、材料、设备场地	1. 仿真机 2. 现场设备				

<table>
<tr><th colspan="2">序号</th><th>项　目　名　称</th></tr>
<tr><td rowspan="6"></td><td>1
1.1
1.2
1.3
1.4
1.5</td><td>运行泵跳闸，备用泵联动正常
确认运行泵跳闸，备用泵联动正常，复位各操作开关
断开连锁开关
检查联动泵运行是否正常
查清、分析运行泵跳闸的原因，消除后作备用
汇报班长，做好记录</td></tr>
</table>

评分标准	序号	项　目　名　称
	2 2.1 2.2 2.3 2.4 2.5 2.6	运行泵跳闸，备用泵不联动 确认运行泵跳闸，电流至零 启动备用泵，断开连锁开关和跳闸泵操作开关 检查运行泵运行是否正常 汇报班长 查明跳闸及泵不联动原因，消除后作备用，投入连锁开关 运行泵跳闸，备用泵不联动，启动备用泵无效，可再次启动备用泵一次，仍无效，可重新启动跳闸泵一次
	质量要求	1. 严格执行运行规程及上级有关规定 2. 判断事故准确、快捷 3. 处理事故正确、果断 4. 不错项、漏项 5. 记录事故发生、结束时间 6. 及时汇报
	得分或扣分	1. 操作顺序颠倒扣 1～4 分，如因操作颠倒导致无法继续操作，该题不得分 　2. 操作漏项扣 1～4 分，如因漏项使操作必须重新开始，但不导致不良后果的，扣该题总分的 50%；如导致不良后果的，该题不得分 　3. 每项操作后必须检查操作结果，再开始下一步操作；否则，扣 1～4 分 　4. 因误操作致使过程延误，但不造成不良后果的，扣该题总分的 50%；造成不良后果的，该题不得分 　5. 每项操作结束后，应汇报、记录；否则，该题扣 1～4 分 　6. 操作过程中违反安全及运行规程的，取消考核

行业：电力工程　　　　工种：水泵值班员　　　　等级：中/高

编　　号	C43C064	行为领域	e	鉴定范围	1、2
考核时间	20min	题　型	C	题　　分	50
试题正文	给水泵汽轮机润滑油泵连锁试验				

需要说明的问题和要求	1. 在仿真机上操作时，必须按仿真机的有关规定和要求进行操作 2. 现场就地操作演示，不得触动运行设备 3. 现场就地实际操作，必须请示有关领导同意，在认真监视下进行 4. 万一遇到生产事故，立即中止考核，退出现场 5. 由于操作引起的异常情况，立即中止操作，恢复原状
工具、材料、设备场地	1. 仿真机 2. 现场设备

	序号	项　目　名　称
评分标准	1	检查给水泵汽轮机各主油泵符合启动条件
	2	联系热工人员到场共同试验
	3	启动给水泵汽轮机1号主油泵，检查系统运行正常
	4	投入给水泵汽轮机主油泵、直流油泵连锁
	5	试验运行泵跳闸备用泵联启连锁：停运1号主油泵，检查2号主油泵联启正常，确认有关信号。用同样方法试验2号主油泵停运，1号主油泵联启正常
	6	试验润滑油母管油压低连锁：检查1号主油泵运行正常，联系热工就地泄"润滑油母管压力开关"油压，当油压降到润滑油压低Ⅰ值时，检查2号主油泵联启正常，继续泄"润滑油母管压力开关"油压，当油压降至润滑油压低Ⅱ值时，检查直流油泵联启正常。用同样方法试验2号主油泵运行时有关连锁试验正常
	质量要求	1. 严格执行运行规程 2. 记录操作时间 3. 及时汇报
	得分或扣分	1. 操作顺序颠倒扣1~4分，如因操作颠倒导致无法继续操作，该题不得分 2. 操作漏项扣1~4分，如因漏项使操作必须重新开始，但不导致不良后果的，扣该题总分的50%；如导致不良后果的，该题不得分 3. 每项操作后必须检查操作结果，再开始下一步操作；否则，扣1~4分 4. 因误操作致使过程延误，但不造成不良后果的，扣该题总分的50%；造成不良后果的，该题不得分 5. 每项操作结束后，应汇报、记录；否则，该题扣1~4分 6. 操作过程中违反安全及运行规程的，取消考核

行业：电力工程　　　　工种：水泵值班员　　　　等级：中/高

编　号	C43C065	行为领域	e	鉴定范围	5
考核时间	20min	题　型	C	题　分	50
试题正文	机组满负荷运行，一台汽动给水泵跳闸处理				
需要说明的问题和要求	1. 在仿真机上操作时，必须按仿真机的有关规定和要求进行操作 2. 现场就地操作演示，不得触动运行设备 3. 现场就地实际操作，必须请示有关领导同意，在认真监视下进行 4. 万一遇到生产事故，立即中止考核，退出现场 5. 由于操作引起的异常情况，立即中止操作，恢复原状				
工具、材料、设备场地	1. 仿真机 2. 现场设备				

评分标准		序号	项　目　名　称
评分标准		1	检查电动给水泵是否联启正常，否则，手动启动电动给水泵，同时增加电动给水泵及运行汽动给水泵转速，增加给水流量，维持汽包水位正常。电动给水泵启动后，及时检查电动给水泵运行情况是否正常
评分标准		2	若电动给水泵启动不成功，立即增加运行汽动给水泵转速，汽动给水泵出力加至最大。检查 RB 动作正常，否则按 RB 要求手动处理，在主蒸汽压力不超压的情况下，尽快将机组负荷减至 0.5 额定负荷以下
评分标准		3	积极调整汽包水位正常
评分标准		4	检查运行汽动给水泵运行正常
评分标准		5	检查除氧器水位、压力是否正常
评分标准		6	积极查找汽动给水泵跳闸原因，消除故障后尽快恢复运行
评分标准		7	处理过程中若锅炉灭火，按锅炉灭火处理
评分标准	质量要求		1. 严格执行运行规程及上级有关规定 2. 判断事故准确、快捷 3. 处理事故正确、果断 4. 不错项、漏项 5. 记录事故发生、结束时间 6. 及时汇报
评分标准	得分或扣分		1. 操作顺序颠倒扣 1～4 分，如因操作颠倒导致无法继续操作，该题不得分 2. 操作漏项扣 1～4 分，如因漏项使操作必须重新开始，但不导致不良后果的，扣该题总分的 50%；如导致不良后果的，该题不得分 3. 每项操作后必须检查操作结果，再开始下一步操作；否则，扣 1～4 分 4. 因误操作致使过程延误，但不造成不良后果的，扣该题总分的 50%；造成不良后果的，该题不得分 5. 每项操作结束后，应汇报、记录；否则，该题扣 1～4 分 6. 操作过程中违反安全及运行规程的，取消考核

行业：电力工程　　　　工种：水泵值班员　　　　等级：初/中

编　　　号	C54C066	行为领域	e	鉴定范围	5
考核时间	20min	题　　型	C	题　　分	50
试题正文	给水母管压力降低的处理				

需要说明的问题和要求	1. 在仿真机上操作时，必须按仿真机的有关规定和要求进行操作 2. 现场就地操作演示，不得触动运行设备 3. 现场就地实际操作，必须请示有关领导同意，在认真监视下进行 4. 万一遇到生产事故，立即中止考核，退出现场 5. 由于操作引起的异常情况，立即中止操作，恢复原状
工具、材料、设备场地	1. 仿真机 2. 现场设备

评分标准		序号	项　目　名　称
		1	检查给水泵运行是否正常，给水泵控制是否跳到手动位置；对于采用电动给水泵运行的机组，检查并核对转速和电流及勺管位置是否正常；检查电动出门门和再循环门开度是否正常；检查给水泵汽轮机汽源压力是否正常
		2	检查给水管道系统有无破裂及大量漏水
		3	检查前置泵运行是否正常
		4	检查前置泵进、出口滤网差压是否正常
		5	检查除氧器水位、压力是否正常
		6	联系锅炉调节给水流量，若主控输出或电动给水泵勺管开至最大，给水压力仍下降，影响锅炉给水流量时，应迅速启动备用泵，并联系有关检修班组处理
		7	影响锅炉正常运行时，应汇报有关人员降低负荷运行
	质量要求		1. 严格执行运行规程及上级有关规定 2. 判断事故准确、快捷 3. 处理事故正确、果断 4. 不错项、漏项 5. 记录事故发生、结束时间 6. 及时汇报
	得分或扣分		1. 操作顺序颠倒扣 1～4 分，如因操作颠倒导致无法继续操作，该题不得分 2. 操作漏项扣 1～4 分，如因漏项使操作必须重新开始，但不导致不良后果的，扣该题总分的 50%；如导致不良后果的，该题不得分 3. 每项操作后必须检查操作结果，再开始下一步操作；否则，扣 1～4 分 4. 因误操作致使过程延误，但不造成不良后果的，扣该题总分的 50%；造成不良后果的，该题不得分 5. 每项操作结束后，应汇报、记录；否则，该题扣 1～4 分 6. 操作过程中违反安全及运行规程的，取消考核

266

5 试卷样例

中级水泵值班员知识要求试卷

一、选择题（每题 1 分，共 25 分）

下列每题都有 4 个答案，其中只有一个正确答案，将正确答案的代号填入括号内。

1. 引起流体流动时能量损失的主要原因是流动流体的（　　）性。

（A）压缩；（B）膨胀；（C）运动；（D）黏滞。

2. 从饱和水加热到干饱和蒸汽所需加入的热量称为（　　）。

（A）过热热；（B）汽化热；（C）液体热；（D）气体热。

3. 并联电路中总电阻的倒数等于各分电阻的电阻的（　　）。

（A）倒数之和；（B）和；（C）差；（D）积。

4. 判断液体流动状态的依据是（　　）。

（A）雷诺数；（B）莫迪图；（C）尼古拉兹图；（D）勃拉休斯公式。

5. 火力发电厂中汽轮机是将（　　）的设备。

（A）热能转变为动能；（B）热能转变为电能；（C）机械能转变为电能；（D）热能转变为机械能。

6. 在管道上不允许有任何位移的地方，应装（　　）。

（A）固定支架；（B）流动支架；（C）导向支架；（D）弹簧支架。

7. 能量损失可分为（　　）。

（A）机械损失、水力损失；（B）水力损失、流动损失；（C）容积损失、压力损失；（D）水力机械、容积损失。

8. 火力发电厂辅机耗电量最大的是（　　　）。

（A）给水泵；（B）送风机；（C）循环泵；（D）磨煤机。

9. 在（　　　）中，叶轮前后盖板外侧和流体之间的圆盘摩擦损失是主要的。

（A）机械损失；（B）容积损失；（C）流动损失；（C）节流损失。

10. 热工自动调节过程品质的好坏，通常用准确性、快速性、（　　　）三项主要指标来评定。

（A）稳定性；（B）灵敏性；（C）抗干扰性；（D）时滞性。

11. 目前各工业国使用最广泛的除尘器是（　　　）。

（A）离心式水膜式除尘器；（B）文丘里除尘器；（C）静电除尘器；（D）布袋除尘器。

12. 三相异步电动机的额定电压是指（　　　）。

（A）线电压；（B）相电压；（C）电压的瞬时值；（D）电压的有效值。

13. 触电人心脏跳动停止时，应采用（　　　）方法进行抢救。

（A）口对口呼吸；（B）胸外心脏按压；（C）打强心针；（D）摇臂压胸。

14. 工伤歇工满（　　　）的，应构成人身轻伤事故。

（A）1个工作日；（B）3个工作日；（C）1周工作日；（D）1月工作日。

15. 汽轮机旁路系统中，低压减温水采用（　　　）。

（A）凝结水；（B）给水；（C）闭冷水；（D）给水泵中间抽头。

16. 加热器的疏水采用疏水泵排出的优点是（　　　）。

（A）疏水可以利用；（B）安全可靠性高；（C）系统简单；（D）热经济性高。

17. 在隔绝给水泵时，在最后关闭进口门过程中，应密切注意（　　　），否则不能关闭进口门。

（A）泵内压力不升高；（B）泵不倒转；（C）泵内压力升

高；（D）管道无振动。

18. 凝结水泵电流到零，压力下降，流量到零，凝汽器水位上升的原因是（　　）。

（A）凝结水泵故障；（B）凝结水泵汽化；（C）凝结水泵电源中断；（D）电动机两相运行。

19. 汽轮机启动前先启动润滑油泵，运行一段时间后再启动高压调速油泵，其目的主要是（　　）。

（A）提高油温；（B）先使各轴瓦充油；（C）排出轴承油室内的空气；（D）排出调速系统积存的空气。

20. 机组启动前，发现任何一台油泵或其自启动装置有故障时，应该（　　）。

（A）边启动边抢修；（B）切换备用油泵；（C）报告上级；（D）禁止启动。

21. 水泵采用诱导轮的目的是（　　）。

（A）防止汽蚀；（B）防止冲击；（C）防止噪声；（D）防止振动。

22. 轴流泵的工作特点是（　　）。

（A）流量大、扬程低；（B）流量大、扬程大；（C）流量小、扬程小；（D）扬程大、流量小。

23. 水泵的效率是指（　　）。

（A）轴功率/有效功率；（B）损失轴功率/有效功率；（C）有效功率/轴功率；（D）有效功率/损失轴功率。

24. （　　）的主要优点是大大减小附加的节流损失、经济性高，但装置投资昂贵。

（A）汽蚀调节；（B）节流调节；（C）变速调节；（D）可动叶片调节。

25. 发电厂异常运行，引起全厂有功出力降低，比电力系统调度规定的有功负荷曲线降低（　　），并且延续时间超过1h的，应算事故。

（A）5%；（B）10%；（C）10%以上；（D）15%以上。

二、判断题（每题 1 分，共 25 分）

判断下列描述是否正确，正确的在括号内打"√"，错误的在括号内打"×"。

1. 单位体积液体在流动过程中，用于克服沿程阻力损失的能量称为沿程损失。 （ ）

2. 在压力管道中，由于压力急剧变化，从而造成液体流速显著变化，这种现象称为水锤。 （ ）

3. 任一温度的水，在定压下被加热到饱和温度时，所加入的热量叫汽化热。 （ ）

4. 过热蒸汽的过热度越低，说明越接近饱和蒸汽。（ ）

5. 汽轮机本体由转子、汽缸等组成。 （ ）

6. 用液体来传递扭矩的联轴器称为液力耦合器。（ ）

7. 自动调节系统的测量单元一般由传感器和变送器两个环节组成。 （ ）

8. 导向支架除承受管道重量外，还能限制管道的位移方向。 （ ）

9. 管道外部加保温层的目的是减少管道的热阻，增加热量的传递。 （ ）

10. 管子外壁加装肋片（俗称散热片）的目的是使热阻增大，传递热量减小。 （ ）

11. 水泵并联工作的特点是每台水泵所产生的扬程相等，总流量为每台水泵流量之和。 （ ）

12. 单级离心泵平衡轴向推力的方法主要是采用平衡鼓。 （ ）

13. 两台水泵串联运行的目的是为了提高泵的扬程，防止泵汽化。 （ ）

14. 交流电在 1s 内完成循环的次数叫频率。 （ ）

15. 一般油的燃点温度比闪点温度高 3～6℃。 （ ）

16. 两台水泵并联运行时流量相等，扬程相等。 （ ）

17. 火力发电厂的循环水泵一般采用大流量、高扬程的离

270

心式水泵。 （　　）

18. 循环水泵轴承冒烟时，应立即启动备用泵，再停止故障泵。 （　　）

19. 水泵的工作点在 $Q-H$ 性能曲线的上升段时，能保证水泵的运行稳定。 （　　）

20. 汽动给水泵若要隔离，则给水泵前置泵必须停用。 （　　）

21. 由给水泵出口到高压加热器的管道称为高压给水管道系统。 （　　）

22. 水泵密封环的作用是分隔高压区与低压区，以减少水泵的容积损失，提高水泵的效率。 （　　）

23. 离心泵叶轮上开平衡孔的作用是平衡叶轮的重量。 （　　）

24. 给水泵投入联动备用时，若开出口阀特别费力，并且阀门内有水流声，则说明给水泵出口止回阀卡涩或损坏。 （　　）

25. 通畅气道、人工呼吸和胸外心脏按压是心肺复苏法支持生命的三项基本措施。 （　　）

三、简答题（每题 5 分，共 25 分）

1. 局部流动损失是怎样形成的？

2. 离心泵有哪些损失？

3. 发电厂应杜绝哪五种重大事故？

4. 一般泵运行中的检查项目有哪些？

5. 循环水泵出口蝶阀下落时，应如何处理？

四、计算题（每题 5 分，共 10 分）

1. 某汽轮机额定工况下的低压缸排汽量为 600t/h，凝汽器的冷却水量为 40 000t/h，求循环水的冷却倍率是多少？

2. 某汽轮发电机组设计热耗为 8792.28kJ/（kW·h），锅炉额定负荷热效率为 92%，管道效率为 99%，求该机组额定负荷设计发电煤耗是多少（标准煤耗低位发热量为 29 271J/kg）？

五、绘图题（每题 5 分，共 10 分）

1. 画出火力发电厂简单汽水系统流程图。

2. 画出电动给水泵密封水系统图。

六、论述题（5 分）

给水泵为什么设有滑销系统？

中级水泵值班员技能要求试卷

一、离心水泵启动前准备检查工作（20 分）

二、给水泵低油压试验（30 分）

三、给水泵和电动机发生振动的原因及处理（50 分）

中级水泵值班员知识要求试卷答案

一、选择题

1.（D）；2.（B）；3.（A）；4.（A）；5.（D）；6.（A）；
7.（D）；8.（A）；9.（A）；10.（A）；11.（C）；12.（A）；
13.（B）；14.（A）；15.（A）；16.（D）17.（A）；18.（C）；
19.（D）；20.（D）；21.（A）；22.（A）；23.（C）；24.（C）；
25.（C）。

二、判断题

1.（×）；2.（×）；3.（×）；4.（√）；5.（√）；6.（√）；
7.（√）；8.（√）；9.（×）；10.（×）；12.（×）；13.（√）；
14.（√）；15.（√）；16.（×）；17.（×）；18.（√）；19.（×）；
20.（√）；21.（×）；22.（√）；23.（×）；24.（√）；25.（√）。

三、简答题

1. 答：在流动的局部范围内，由于边界的突然改变，如管道上的阀门、弯头、过流断面形状或面积的突然变化等，使得液体流动速度的大小和方向发生剧烈的变化，质点剧烈碰撞形成旋涡消耗能量，从而形成流动损失。

2. 答：离心泵的损失有容积损失、水力损失和机械损失三种。

容积损失包括密封环漏泄损失、平衡机构漏泄损失和级间漏泄损失。

水力损失包括冲击损失、旋涡损失和沿程摩擦损失。

机械损失包括轴承、轴封摩擦损失，叶轮圆盘摩擦损失，及液力耦合器的液力传动损失。

3. 答：发电厂应杜绝以下五种重大事故：

（1）人身死亡事故。

（2）全厂停电事故。

（3）主要设备损坏事故。

（4）火灾事故。

（5）严重误操作事故。

4. 答：一般泵运行中应检查以下项目：

（1）对电动机应检查：连锁位置、出口风温、轴承温度、轴承振动、运转声音等正常，接地线良好，地脚螺栓牢固。

（2）对泵体应检查：出口压力应正常，盘根不发热和不刺水，运转声音正常，轴瓦冷却水畅通，泄水漏斗不堵塞，轴承油位正常，轴瓦油质良好，油圈带油正常，无漏油，联轴器罩固定良好。

（3）与泵连接的管道保温良好，支吊架牢固，截门开度位置正常，无泄漏。

（4）有关仪表应齐全，完好，指示正常。

5. 答：发现循环水泵出口蝶阀下落，即进行全面检查，作相应处理，如因电磁阀或内漏造成，即关闭电磁阀前隔离门或手摇开启出口蝶阀，并联系检修。

四、计算题

1. 解：已知进入凝汽器的汽量 $D_1 = 600t/h$

凝汽器的冷却水量 $D_2 = 40\ 000t/h$

凝汽器的循环倍率 $m = \dfrac{D_2}{D_1} = \dfrac{40\ 000}{600} = 67$（倍）

答：循环水的冷却倍率是 67 倍。

2. 解：发电设计煤耗=汽轮机设计热耗/(锅炉效率×管道效率×标准煤发热量)=8792.28/(0.92×0.99×29 271)=329.8 [g/ (kW·h)]

答：该机组设计发电煤耗为 329.8g/ (kW·h)。

五、绘图题

1. 答：如图 1 所示。

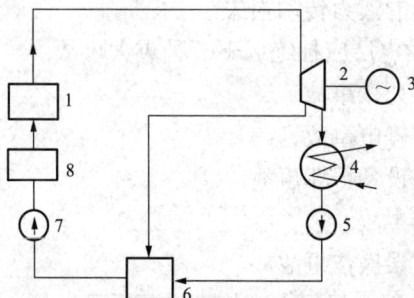

图 1

2. 答：如图 2 所示。

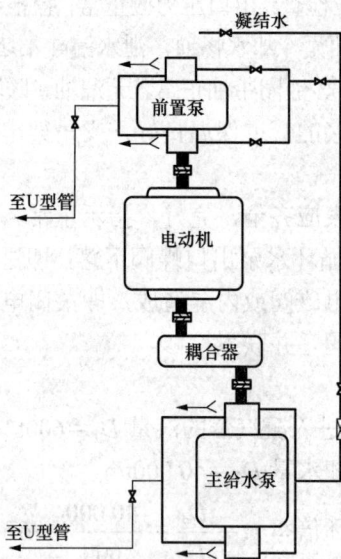

图 2

六、论述题

答：因为给水泵输送的是温度较高的水，所以给水泵也存在热胀冷缩的问题。为了保证泵组膨胀和收缩顺利，及在膨胀、收缩过程中保持泵的中心不变，设置有滑销系统。

给水泵的滑销系统有两个纵销和两个横销。两个纵销布置在进水段和出水段下方，它保证水泵在膨胀和收缩过程中，中心线不发生横向移动，不妨碍水泵的前后胀缩；两个横销布置在进水端支承爪下面，其连线与两纵销连线交点即为水泵死点，水泵以此死点向出水端胀出或缩进。水泵所有支承爪底面与给水泵中心水平直径位于同一平面上，在水泵热膨胀时，中心线在垂直方向上也不会发生移动。

中级水泵值班员技能要求试卷答案

一、离心水泵启动前准备检查工作如下：

编　　号	C05A001	行为领域	e	鉴定范围	1
考核时间	20min	题　型	A	题　分	20
试题正文	离心水泵启动前准备检查工作				
需要说明的问题和要求	1. 在仿真机上操作时，必须按仿真机的有关规定和要求进行操作 2. 现场就地操作演示，不得触动运行设备 3. 现场就地实际操作，必须请示有关领导同意，在认真监视下进行 4. 万一遇到生产事故，立即中止考核，退出现场 5. 由于操作引起的异常情况，立即中止操作，恢复原状				
工具、材料、设备场地	1. 仿真机 2. 现场设备				

	序号	项　目　名　称
评分标准	1	检查检修工作结束，工作票收回，安全措施拆除
	2	泵体各部分及轮罩完整、良好
	3	对轮盘动正常
	4	水泵及电动机地脚螺母紧固，电动机接地线良好
	5	各轴承润滑油质、油位正常
	6	盘根压盖紧固不偏斜；冷却水、密封水、轴瓦冷却水门开启，水量适当
	7	水泵出、入口压力表齐全，表门开启，指示在零位
	8	入口门开启，出口门关闭（按本厂规程规定执行）
	9	检查启动操作开关、连锁开关在断开位置
	10	联系电气测量电动机绝缘良好
	11	检查一切正常后，通知电气送上电动机及操作电源
	12	打开泵体放气门，见水后关闭（按本厂规程规定执行）

序号	项 目 名 称
质量 要求	1. 严格执行运行规程 2. 记录操作时间 3. 及时汇报
评 分 标 准 得分或 扣分	1. 操作顺序颠倒扣 1～4 分，如因操作颠倒导致无法继续操作，该题不得分 2. 操作漏项扣 1～4 分，如因漏项使操作必须重新开始，但如未导致不良后果的，扣该题总分的 50%；如导致不良后果的，该题不得分 3. 每项操作后必须检查操作结果，再开始下一步操作；否则，扣 1～4 分 4. 因误操作致使过程延误，但不造成不良后果的，扣该题总分的 50%；造成不良后果的，该题不得分 5. 每项操作结束后，应汇报、记录；否则，该题扣 1～4 分 6. 操作过程中违反安全及运行规程的，取消考核

二、给水泵低油压试验如下：

编　　号	C54B039	行为领域	e	鉴定范围	6、4
考核时间	20min	题　　型	B	题　　分	30
试题正文	给水泵低油压试验				
需要说明的问题和要求	1. 在仿真机上操作时，必须按仿真机的有关规定和要求进行操作 2. 现场就地操作演示，不得触动运行设备 3. 现场就地实际操作，必须请示有关领导同意，在认真监护下进行 4. 万一遇到生产事故，立即中止考核，退出现场 5. 由于操作引起的异常情况，立即中止操作，恢复原状				
工具、材料、设备场地	1. 仿真机 2. 现场设备				

评分标准	序号	项目名称
	1	断开备用给水泵联动开关，拉掉试验泵电源，调整油温保持 40±5℃
	2	投入辅助油泵，油压按本厂规程规定
	3	停用辅助油泵，合上给水泵操作开关，若给水泵拒启动，拉开给水泵操作开关
	4	启动辅助油泵，合上给水泵操作开关投入给水泵联动开关，投入低油压连锁开关
	5	关闭电接点油压表表阀
	6	停辅助油泵
	7	缓慢开启接点油压表表阀至电接点接通（按本厂规程规定），辅助油泵自启动，表盘发出声光信号，关闭油压表表阀，停辅助油泵
	8	缓慢开启接点油压表表阀至电接点接通（按本厂规程规定），给水泵跳闸，发出音响信号，断开操作开关，解除连锁开关
	9	试验结束，启动辅助油泵，开启电接点油压表表阀，调整定值，断开低油压连锁小开关
	10	联系电气送上给水泵电源，恢复正常备用
	11	试验结果记入运行日志，试验不合格的联系热工人员处理
	质量要求	1. 严格执行运行规程 2. 记录操作时间 3. 及时汇报
	得分或扣分	1. 操作顺序颠倒扣 1～4 分，如因操作颠倒导致无法继续操作，该题不得分 2. 操作漏项扣 1～4 分，如因漏项使操作必须重新开始，但不导致不良后果的，扣该题总分的 50%；如导致不良后果的，该题不得分 3. 每项操作后必须检查操作结果，再开始下一步操作；否则，扣 1～4 分 4. 因误操作致使过程延误，但不造成不良后果的，扣该题总分的 50%；造成不良后果的，该题不得分 5. 每项操作结束后，应汇报、记录；否则，该题扣 1～4 分 6. 操作过程中违反安全及运行规程的，取消考核

三、给水泵和电动机发生振动的原因及处理如下：

编　号	C43C059	行为领域	e	鉴定范围	5
考核时间	20min	题　型	C	题　分	50
试题正文	给水泵和电动机发生振动的原因及处理				
需要说明的问题和要求	1. 在仿真机上操作时，必须按仿真机的有关规定和要求进行操作 2. 现场就地操作演示，不得触动运行设备 3. 现场就地实际操作，必须请示有关领导同意，在认真监视下进行 4. 万一遇到生产事故，立即中止考核，退出现场 5. 由于操作引起的异常情况，立即中止操作，恢复原状				
工具、材料、设备场地	1. 仿真机 2. 现场设备				

	序号	项　目　名　称
评分标准	1 1.1 1.2 1.3 1.4 1.5 1.6 1.7 1.8	原因 润滑油压、油温变化大，使油膜不稳定 泵内动部、静部分发生摩擦 泵发生汽化 泵或电动机转子不平衡 联轴器中心不正 暖泵不均，造成转子弯曲 地脚螺栓松脱 平衡盘磨损
	2 2.1 2.2 2.3 2.4	处理 当泵或电动机突然发生强烈振动或清晰地听到泵内或电动机内有金属摩擦声时，紧急故障停泵 泵和电动机各轴承振动超过 0.05mm 时，应汇报分析，设法消除；当发现内部故障象征或振动突然超过 0.05mm 时，紧急故障停泵 因润滑油压、油温变化引起的，调整稳定润滑油压或油温 因机械问题引起的，联系检修处理
	质量要求	1. 严格执行运行规程及上级有关规定 2. 判断事故准确、快捷 3. 处理事故正确、果断 4. 不错项、漏项 5. 记录事故发生、结束时间 6. 及时汇报
	得分或扣分	1. 操作顺序颠倒扣 1～4 分，如因操作颠倒导致无法继续操作，该题不得分 2. 操作漏项扣 1～4 分，如因漏项使操作必须重新开始，但不导致不良后果的，扣该题总分的 50%；如导致不良后果的，该题不得分 3. 每项操作后必须检查操作结果，再开始下一步操作；否则，扣 1～4 分 4. 因误操作致使过程延误，但不造成不良后果的，扣该题总分的50%；造成不良后果的，该题不得分 5. 每项操作结束后，应汇报、记录；否则，该题扣 1～4 分 6. 操作过程中违反安全及运行规程的，取消考核

6　组卷方案

6.1　理论知识考试组卷方案

技能鉴定理论知识试卷每卷不应少于五种题型,其题量不少于 50 题,每题分值不超过 5 分。试卷的题型与题量分配见下表:

试卷的题型与题分配表

题　型	鉴定工种等级		配　分	
	初、中级	高级	初、中级	高级
选择题	25 题(1 分/题)	25 题(1 分/题)	25	25
判断题	25 题(1 分/题)	25 题(1 分/题)	25	25
简答题	5 题（5 分/题）	4 题（5 分/题）	25	25
计算题	2 题（5 分/题）	2 题（5 分/题）	10	10
绘图题	2 题（5 分/题）	2 题（5 分/题）	10	10
论述题	1 题（5 分/题）	2 题（5 分/题）	5	10
总计	60	60	100	100

6.2　技能操作考核方案

对于技能操作试卷,库内每一个工作工种的各技术等级下,应最少保证有 5 套试卷（考核方案）,每套试卷由 2～3 项典型操作或标准化作业组成,其选项内容互为补充,不得重复。

技能操作考试由实际操作与口试或技术答辩两项内容组成,初、中级工实际操作加口试进行,技术答辩只在高级工进行。